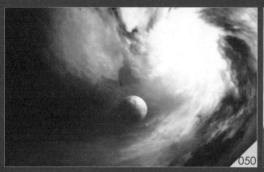

050

054

057

好意会　港式餐厅

蛋黄焗虾爬肉

38RMB

090

U0360945

093

096

103

136

137

105

145

153

157

167

172

187

188

194

202

199

230

271

253

286

293

黎文锋　主编

电子工业出版社·

Publishing House of Electronics Industry

北京·BEIJING

内 容 简 介

本书是初学者快速自学Photoshop CS6的经典教程和参考指南。全书共分11章，从Photoshop的基础知识开始，带领读者体验Photoshop CS6的新功能和全新的界面；详细讲解图像的基本编辑、颜色的选择和应用、图层的管理和应用、选区的创建和应用、使用工具绘图与绘画、文字和滤镜的应用以及Web图像与自动化处理的应用等；最后通过"商业海报设计"、"路牌广告设计"和"名片设计"三个大型案例，具体讲解Photoshop CS6应用方面的技巧。附带的1张视频教学光盘包含了书中所有实例的多媒体视频教程、源文件和素材文件。

本书不仅适合作为图像处理和平面设计初、中级读者的学习用书，同时也适合作为大中专院校相关专业及各类培训班的教材。

图书在版编目（CIP）数据

Photoshop CS6 全攻略 / 黎文锋主编 . — 北京：电子工业出版社，2012.9
（玩设计）
ISBN 978-7-121-18024-8

Ⅰ . ① P⋯ Ⅱ . ①黎⋯ Ⅲ . ①图象处理软件 Ⅳ . ① TP391.41

中国版本图书馆 CIP 数据核字（2012）第 198794 号

策划编辑： 郝 微
责任编辑： 鄂卫华
印 刷： 中国电影出版社印刷厂
装 订： 中国电影出版社印刷厂
出版发行： 电子工业出版社
　　　　　北京市海淀区万寿路173信箱　邮编　100036
开 本： 710×1000　 1/16　 印张：19.5　字数：496千字
印 次： 2012年9月第1次印刷
定 价： 68.00元（含光盘1张）

preface 前言

关于本书

Adobe Photoshop CS6是Adobe最新发布的Adobe CS6套装软件的应用程序之一，它是集图像扫描、编辑修改、图像制作、广告创意，图像输入与输出于一体的图形图像处理软件。Photoshop CS6应用程序通过更直观的用户体验、更大的编辑自由度以及大幅提高的工作效率，使用户能更轻松地使用其无与伦比的强大功能。

本书通过由浅入深、由入门到提高、由基础到应用的方式，先带领读者体验Photoshop CS6的新功能，然后通过Photoshop CS6的界面介绍、文件管理等基础知识，为读者学习Photoshop CS6奠定坚实的基础，接着延伸到图像基本编辑、颜色的选择和应用、图层的管理和图层样式的设置、使用工具选择图像素材并编辑和管理选区、使用工具绘图与绘画、创建与编辑文字并制作文字特效、应用Web图像、图像自动化处理等方面的内容，最后通过红酒海报、地产路牌广告和名片设计三个大型案例的介绍，让读者掌握综合应用Photoshop各功能创作图像作品的方法和技巧。

通过先训练后实作的学习过程，达到即学即用的目的，从而引导读者进入Photoshop图像设计的世界，体验图像处理的乐趣，领略其在工作、生活中的实用价值。

本书结构

本书共11章，全书的内容始终以"设计导向、学以致用"为主导思想，为读者列举了大量的应用实例作参考，使读者能更好地学习Photoshop CS6程序。

本书的内容简介如下。

● 第1章：本章主要介绍了Photoshop CS6的入门基础知识，包括了解Photoshop CS6新功能的应用和界面元素，以及Photoshop的文件管理等方法。

● 第2章：本章主要介绍了图像处理的基础，然后通过查看图像和编辑图像两方面引导读者掌握图像处理的入门知识。

● 第3章：本章主要介绍了图像处理中的颜色与颜色调整的应用，其中包括颜色的介绍、图像的颜色模式、选择和应用颜色的方法。

●第4章：本章主要介绍了图层的基础知识和图层管理与应用的方法，其中包括创建图层和组、选择/链接/搜索/锁定/栅格化图层、指定混合模式和图层样式、应用调整和填充图层等内容。

●第5章：本章主要介绍了使用各种工具和不同功能创建选区、调整选区和存储选区，并利用选区选择图像的方法，其中包括通过相近色彩范围选择素材、修改和变换选区、使用蒙版和Alpha通道创建选区等内容。

●第6章：本章主要介绍了在Photoshop中绘画和绘图的应用，其中包括使用绘画工具绘画、使用油漆桶和渐变工具填充、使用形状工具绘图、使用钢笔工具绘图等内容。

●第7章：本章主要介绍了文字与滤镜在Photoshop中的应用，其中包括创建文字、创建文字选区、设置字符和段落格式、制作文字特效、使用滤镜制作图像效果等内容。

●第8章：本章主要介绍了Web图像在Photoshop中的处理，以及在Photoshop中自动化处理图像的各种方法。

●第9章：本章通过一个"拉克斯红酒海报"的案例，讲解了在Photoshop中选择素材并合成素材、调整图层色调、使用绘图工具和颜色功能绘制形状、创建文字等方法。

●第10章：本章通过一个"商业地产路牌广告"的案例，讲解了使用Photoshop设计欧式复古风格的背景、应用滤镜并配合素材制作火焰特效、制作彩钻文字特效、制作撕纸特效等方法。

●第11章：本章通过一个"金属质感名片"的案例，讲解了使用Photoshop设计金属拉丝效果、制作金属浮雕和立体浮层效果、烫金文字效果等方法。

　　本书总结了作者多年应用Photoshop设计平面作品的实践经验，目的是帮助想从事图像设计、平面设计行业的广大读者迅速入门并提高学习和工作效率，同时对众多Photoshop爱好者和图像制作爱好者也有很好的指导作用。

　　本书由黎文锋主编，参与本书编写及设计工作的还有梁颖思、梁锦明、林业星、黄活瑜、吴颂志、刘嘉、黄俊杰、李剑明、周志苹、黎敏、黎剑锋和谢敏锐等，在此一并谢过。在本书的编写过程中，我们力求精益求精，但难免存在一些不足之处，敬请广大读者批评指正。

作者

光盘使用说明
CD Instructions for use

本书的多媒体教学光盘经过精心制作，包含完整的教学应用演示、各章节的练习文件和效果文件，以及海量素材文件。光盘配有规范的语音、简洁的操作界面、悦耳动听的音乐和实用的操作指导，满足教师教学、学生自学以及家长辅导子女的的视频教材。

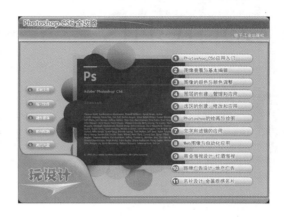

1.光盘的安装与运行要求

本书光盘已经附带自动运行功能，无需进行任何安装的操作。您只需将光盘放入光盘驱动器，系统就会自动运行光盘的播放程序，并经过短暂载入数据的处理，即可进入教学光盘主界面，如右图所示。

如果放入光盘后没有自动运行的话，可打开光盘驱动器图标，并双击光盘的播放文件（Play.exe），即可运行光盘。

2.运行环境要求

硬件要求：

CPU	Pentium II 300MHz及以上
内存	128MB及以上
光驱	8倍速及以上
声卡	16位及以上声卡（完全兼容Sound Blaster 16）
鼠标	Microsoft兼容鼠标

软件要求：

操作系统	中文版Windows 98、Windows Me、Windows 2000、Windows XP，以及Windows 7
颜色	16位颜色及以上
屏幕分辨率	1024×768

3.播放教学视频

当需要教学视频时，可以通过光盘主界面单击对应章名的按钮，进入播放界面，然后从播放界面中单击需要学习的教学主题对应的按钮，即可播放教学视频，如右图。

4.使用注意事项

（1）本书光盘在1024x768的屏幕分辨率下最佳显示，读者可以设置更大的分辨率，但不能设置低于1024x768的屏幕分辨率。

（2）在使用光盘时，强烈建议将光盘内容复制到电脑磁盘后播放，以便让光盘的播放更加流畅。另外需要注意，放置光盘内容的目录不能包含中文路径，否则可能出现不能播放教学视频的故障。

目录
contents

7 Chapter 文字和滤镜的应用

8 Chapter Web图像与自动化应用

Photoshop CS6 应用入门

Photoshop是Adobe公司旗下最为出名的图像处理软件之一。2012年4月24日，Adobe公司发布了Photoshop CS6的正式版。在CS6版本中，Photoshop充分利用无与伦比的编辑与合成功能、更直观的用户体验以及大幅工作效率增强。

Chapter

1

1.1 Photoshop CS6新功能

学习内容： Photoshop CS6新增功能。

学习目的： 掌握Photoshop CS6版本新增功能的作用和应用。

学习备注： 新增或强化功能可以方便用户的图像设计和实现一些特殊的创作意图。

Adobe公司于2012年4月24日发布了Photoshop的最新版本Photoshop CS6。升级后的Photoshop CS6较之前的版本增加或增强了许多新功能和特性。

1.1.1 现代化用户界面

Photoshop CS6使用全新典雅的用户界面，深色背景的选项可凸显用户的图像，数百项设计改进提供更顺畅、更一致的编辑体验，如图1.1所示。

图1.1 全新典雅的用户界面

1.1.2 新式内容识别修补

Photoshop CS6创新地增加了【内容感知移动工具】，该工具应用了最新的内容识别技术，它能在用户整体移动图片中选中某物体时，智能填充物体原来的位置。因此，用户可以利用此工具更好地控制图像修补。

例如，先用【内容感知移动工具】选择船，接着把船拖放到海面的另一个位置。在拖动小船的同时，软件就会自动根据周围环境情况填充空出的区域，如图1.2所示。

图1.2 通过内容识别技术修补图像

1.1.3 直观的视频编辑

Photoshop CS6提供了强大的功能来编辑用户的视频素材，使用户可以轻松修饰视频剪辑，并使用直观的视频工具集来制作视频。

当用户导入视频后，可以使用熟悉的Photoshop工具和组合键进行操作，例如颜色、曝光调整，还有你所期望的其他操作等。甚至还能给视频添加边框、纹理、滤镜等效果，以及在其中加入音频。图1.3所示为导入的视频修改颜色效果。

图1.3 使用Photoshop工具编辑视频

1.1.4 集成的 Mini Bridge功能

在以往的Photoshop版本中，文件浏览工具Bridge是一个独立的程序。而Photoshop CS6集成了Mini Bridge功能，使Mini Bridge媒体管理器为开启状态，就能通过它轻松直观地浏览和使用电脑中保存的图片与视频，如图1.4所示。这个功能对用户打开文件具有非常好的帮助。

2.双击文件即可打开到Photoshop

1.通过Mini Bridge查找文件

图1.4 通过集成的Mini Bridge查找和打开文件

1.1.5 智能的 裁剪工具

Photoshop CS6对原来的裁剪工具进行了创新性的强化，让用户在裁剪图片时更加可以保证图片的完整性，并且可以快速精确地裁剪图像。

全新的裁剪工具，对于以往版本的裁剪工具变化最大的是：新的裁剪工具可以让选择区域固定，然后对图片进行移动和旋转，如图1.5所示。旧的裁剪工具是图片固定，用户只能对选择区域进行变形和移动。这样的转变，可以让用户在裁剪图像过程中更加得心应手。

1.创建选择区域后移动图片

2.旋转图片以适应裁剪要求

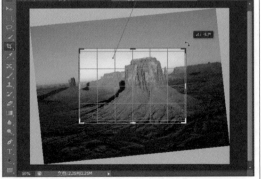

图1.5 新的裁剪工具可以让选择区域固定，移动和旋转图片

1.1.6 全新的图层搜索功能

以往，在众多图层的Photoshop中寻找一个目标图层是非常麻烦的事情，在Photoshop CS6中，寻找图层变得简单很多。因为Photoshop CS6可以通过颜色、名称、模式和属性来对图层进行搜索和排序。图1.6所示为使用名称来搜索图层。

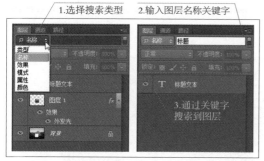

图1.6 通过图层搜索功能寻找图层

1.1.7 强大的模糊滤镜

Photoshop CS6新增了【场景模糊】、【光圈模糊】和【倾斜模糊】三种模糊滤镜。这三种滤镜提供了简单、易用的操作界面，让用户借助图像上的控件快速创建照片模糊效果。图1.7所示为使用【光圈模糊】滤镜。

图1.7 使用【光圈模糊】滤镜

1.1.8 后台存储与自动恢复

Photoshop CS6提供的"后台存储"功能可以让用户在工作过程中通过后台存储大型的Photoshop文件，协助提高工作效率。另外，"自动恢复"功能可以帮助用户在设定的时间间隔中自动保存文件，以便在意外关机时可以自动恢复文件。要启用这两个功能，可以通过【首选项】对话框设置，如图1.8所示。

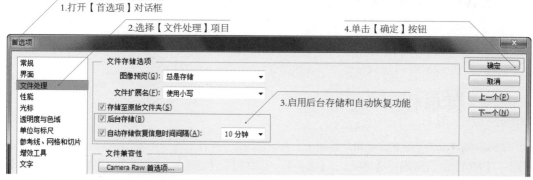

图1.8 启用后台存储和自动恢复功能

1.2 Photoshop CS6用户界面

学习内容： Photoshop CS6用户界面。

学习目的： 了解Photoshop CS6全新用户界面的组成，以及构成界面各主要部分的功能和使用。

学习备注： 掌握操作用户界面的相关功能，是图像处理的基础。

启动Photoshop CS6应用程序后，即可进入其全新的用户界面。Photoshop CS6用户界面大致可分为菜单栏、选项栏、工具箱、面板组和文件窗口，如图1.9所示。

图1.9 Photoshop CS6用户界面

1.2.1 菜单栏

Photoshop CS6的菜单栏位于用户界面正上方，它包含了图像处理的大部分操作命令，主要由【文件】、【编辑】、【图像】、【图层】、【文字】、【选择】、【滤镜】、【视图】、【窗口】和【帮助】10个菜单项组成，单击任意一个菜单项，即可打开对应菜单，如图1.10所示。

1.单击菜单项的名称可打开菜单

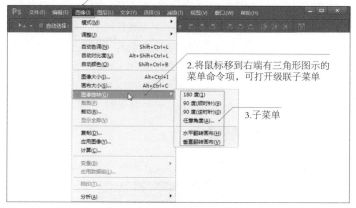

2.将鼠标移到右端有三角形图示的菜单命令项，可打开级联子菜单

3.子菜单

| 技巧 | 若菜单中某些命令项显示为灰色，表示该命令在当前状态下不可用。 |

图1.10 打开菜单

　　当用户需要使用某个菜单的时候，除了单击菜单项可打开菜单外，还可以通过"按下Alt+菜单项后面的字母"的方式打开菜单，如：打开【文件】菜单，只需同时按下Alt+F组合键即可。

　　打开菜单后，就能显示该菜单所包含的命令项，在各个命令项的右边是该命令项的组合键，可使用组合键来执行对应的命令，如【文件】菜单中【存储】命令的组合键是Ctrl+S，如果用户需要保存当前文件，在键盘上同时按下Ctrl+S组合键即可，如图1.11所示。

1.【存储】命令的组合键为Ctrl+S

2.要存储文件时，按下Ctrl+S组合键即可

图1.11 通过组合键执行命令

1.2.2 工具箱

　　工具箱默认位于用户界面左侧，是Photoshop使用频率最高的面板之一。工具箱包含了所有图像处理用到的编辑工具，例如：套索工具、画笔工具、裁剪工具、文字工具和修补工具等。

在默认情况下，工具箱以单列显示工具按钮，用户只需单击工具箱标题栏的【展开面板】按钮，即可展开工具箱，此时工具箱以双列显示工具按钮，如图1.12所示。

Photoshop 的工具箱提供了大量的编辑工具，当中有一些工具的功能十分相似，它们通常以组的形式隐藏在同一个工具按钮中。包含多个相似工具的工具按钮右下角会有一个小三角箭头。当用户要转换同一组的不同工具时，只要鼠标右键单击工具按钮或左键长按工具按钮即可打开工具组，此时选择相应的工具即可，如图1.13所示。

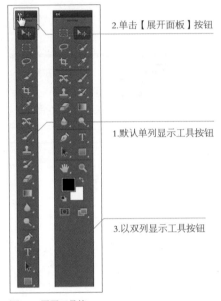

2.单击【展开面板】按钮

1.默认单列显示工具按钮

3.以双列显示工具按钮

图1.12 展开工具箱

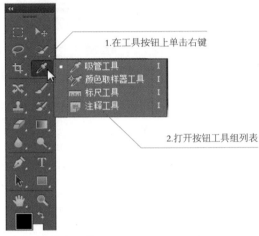

1.在工具按钮上单击右键

2.打开按钮工具组列表

图1.13 打开按钮工具组

1.2.3 选项栏

Photoshop CS6选项栏位于菜单栏正下方，当用户在工具箱中选择不同工具时，选项栏则跟着显示不同的选项，以便对当前使用的工具进行相关设置，如图1.14所示。

1.选择【画笔】工具

画笔工具 (B)

2.通过选项栏设置画笔工具选项

图1.14 使用选项栏设置工具选项

用户可以通过选择或取消选择【窗口】菜单的【选项】命令，以显示或隐藏选项栏，如图1.15所示。

图1.15 显示或隐藏选项栏

1.2.4 面板组

默认情况下，Photoshop CS6调板组位于用户界面最右侧，它是用户编辑图像的重要辅助工具。

在默认情况下，为了方便用户使用，面板组区域只显示三个面板组在用户界面的最右侧，包含了最常用的颜色、调整、图层等面板，如图1.16所示。

当展开的面板组占用过多的位置时，用户可以单击【折叠为图标】按钮将面板折叠并以图标显示。当需要使用面板时，只需单击折叠面板组的按钮图标即可打开对应的面板，如图1.17所示。

图1.16 面板组区域

图1.17 折叠面板组与打开面板

1.2.5 文件窗口

Photoshop CS6采用了选项卡形式的文件窗口，该窗口用于显示和提供用户编辑当前文件。文件窗口分为文件标题、文件内容和文件状态三部分。当用户需要让文件窗口浮动显示的话，可以按住文件标题然后往外拖动即可使窗口浮动显示当前文件，如图1.18所示。

1.拖动文件标题让窗口浮动显示　　　　　　　　2.文件标题　　　　3.文件内容

4.文件状态

图1.18 浮动显示文件窗口

1.3 Photoshop的文件管理

学习内容： Photoshop CS6文件管理。

学习目的： 掌握新建、存储、打开、另存和打印图像的方法。

学习备注： 文件管理是Photoshop CS6的基本操作，也是进一步学习设计创作的基础。

要使用Photoshop CS6处理图像，不可避免地接触到文件的打开、保存、设置打印等相关管理工作。本节将针对Photoshop的文件管理进行详细的说明。

1.3.1 新建文件

在使用Photoshop CS6处理图像前，很多时候用户需要新建文件。新建文件时，用户可以设置文件的名称、大小、分辨率、颜色模式以及背景等内容。

在Photoshop CS6中，用户可以使用多种方法新建文件。

1.通过菜单命令新建文件

在菜单栏中选择【文件】|【新建】命令，打开【新建】对话框后，用户可以选择预设的文件设置，或者自行设置名称、大小、分辨率、颜色模式以及背景等内容，然后单击【确定】按钮即可，如图1.19所示。

2.使用组合键新建文件

按下Ctrl+N组合键，打开【新建】对话框，然后按照方法1的操作，即可创建新文件。

3.通过文件窗口新建文件

在文件窗口的标题栏上单击右键，然后从弹出的快捷菜单中选择【新建文档】命令，即可打开【新建】对话框，接着依照方法1的步骤操作即可新建文件，如图1.20所示。

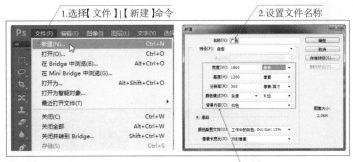

图1.19 新建文件

3.设置文件初始属性内容

图1.20 通过文件窗口新建文件

1.3.2 打开文件

当用户需要编辑Photoshop文件或其他图像文件时，可以通过Photoshop CS6再次打开文件，然后根据需要查看文件内容或对其进行编辑。

在Photoshop CS6中，打开文件常用的方法有5种。

1.通过菜单命令打开文件

在菜单栏上选择【文件】|【打开】命令，然后在【打开】对话框中选择要打开的Photoshop文件或图像文件，再单击【打开】按钮即可，如图1.21所示。

2.通过组合键打开文件

按下Ctrl+O组合键，然后通过打开的【打开】对话框选择文件，并单击【打开】按钮。

图1.21 通过菜单命令打开文件

3.通过双击动作打开文件

打开Photoshop应用程序后，在程序文档窗口编辑区上双击鼠标，即可打开【打开】对话框，此时选择文件并打开即可，如图1.22所示。

图1.22 通过双击动作打开文件

3.单击【打开】按钮

4.打开最近打开的文件

如果想要打开最近曾打开过的文件，则可以选择【文件】|【最近打开文件】命令，然后在菜单中选择文件即可，如图1.23所示。

1.打开【文件】菜单

2.打开【最近打开文件】子菜单

3.选择需要打开的文件命令

5.通过Mini Bridge打开文件

Photoshop CS6将Bridge集成在程序中，当需要打开文件时，可以通过【Mini Bridge】面板搜索到文件，然后双击文件即可，如图1.24所示。

图1.23 打开最近打开的文件

1.打开【Mini Bridge】面板

3.通过目录窗格选择文件所在目录

2.单击【启动Bridge】按钮

图1.24 通过Mini Bridge打开文件

4.双击要打开的文件

1.3.3 存储与另存文件

新建或编辑文件后，可以将文件存储起来，以免设计过程中出现意外造成损失（例如死机、程序出错、系统崩溃、停电等）。

存储文件的方法很简单，用户只需在菜单栏中选择【文件】|【存储】命令，或按下Ctrl+S组合键，即可执行存储文件的操作。

如果是新建的文件，当选择【文件】|【保存】命令或按下Ctrl+S组合键时，Photoshop会打开【存储为】对话框，提供用户设置保存位置、文件名、保存格式和存储选项，如图1.25所示。

如果打开的是Photoshop文件，编辑后选择【文件】|【保存】命令或按下Ctrl+S组合键时，则不会打开【存储为】对话框，而是按照源文件位置和文件名直接覆盖。

当编辑Photoshop文件后，若不想覆盖原来的文件，可以选择【文件】|【存储为】命令（或按下Ctrl+Shift+S组合键），然后通过【存储为】对话框更改文件保存位置或名称，将源文件保存成一个另一个新文件。

图1.25 存储新文件

1.3.4 存储为Web所用格式

使用Photoshop设计图像后，需要将图像存储为网页，以发布到网站时，可以通过【存储为Web所用格式】对话框，对图像进行优化处理，以适应网络传递要求，接着存储为网页文件即可。

存储为Web所用格式的操作步骤如下（练习文件：..\Example\Ch01\1.3.4.psd）。

01 打开练习文件，再打开【文件】菜单，选择【存储为Web所用格式】命令，如图1.26所示。

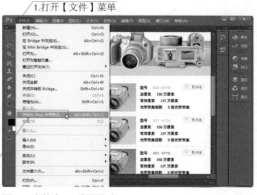

图1.26 存储为Web所用格式

02 打开【存储为Web所用格式】对话框后，选择
【优化】选项卡，再通过对话框右侧设置图像格式和
优化选项，如图1.27所示。

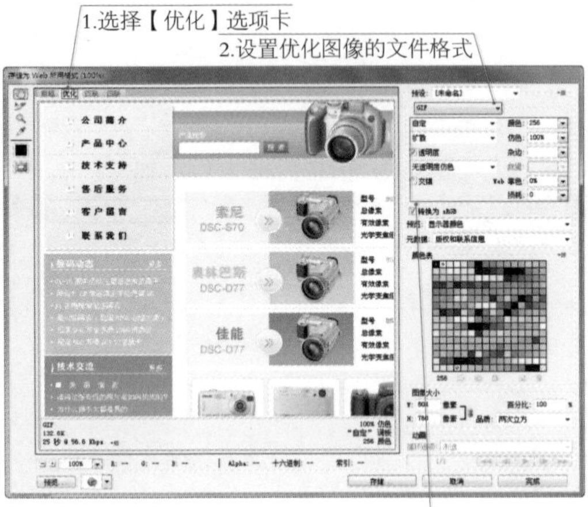

03 此时选择【双联】选项卡，从浏览窗口中查看
优化后的图像与原稿的效果对比，确认无误后单击
【存储】按钮，如图1.28所示。

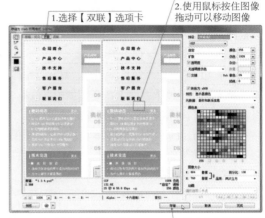

1.选择【优化】选项卡
2.设置优化图像的文件格式

1.选择【双联】选项卡
2.使用鼠标按住图像
拖动可以移动图像

图1.27 设置优化　　　　　　　3.设置优化选项

图1.28 查看优化与原稿的对比　　　3.单击【存储】按钮

04 打开【将优化结果存储为】对话框后，设置文
件名称，再选择格式为【HTML和图像】，接着单击
【保存】按钮，在弹出的警告对话框中直接单击【确
定】按钮，即可将图像保存为HTML格式的网页文件，
如图1.29所示。

05 此时进入保存文件的目录，可以发现除了步骤
4保存的网页文件外，系统还自动新建了images文件
夹，优化后的图像放置在此文件夹内，如图1.30所
示。双击网页文件，即可通过浏览器打开该文件，查
看网页效果，如图1.31所示。

1.进入保存文件的文件夹

2.系统生成网页文
件和images文件夹

图1.30 查看保存文件的结果

1.设置文件名和保存格式

2.单击【保存】按钮

3.单击【确定】按钮

图1.29 保存为网页文件

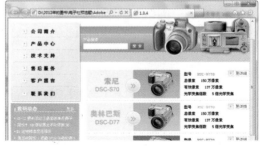

图1.31 通过浏览器查看网页

1.3.5 设置文件简介

使用设置文件简介功能，可为文件添加文件说明、相机数据、类别、资料来源、原稿以及各种属性项目，方便用户查找文件。

设置文件简介的操作步骤如下（练习文件：..\Example\Ch01\1.3.5.psd）。

01 打开练习文件，然后选择【文件】|【文件简介】命令或按下Alt+Shift+Ctrl+I组合键，打开【文件简介】对话框，如图1.32所示。

1.打开【文件】菜单

2.选择【文件简介】命令

图1.32 设置文件简介

02 打开对话框后，在上方选择需要设置的项目选项卡，例如选择【说明】选项卡，然后在下方输入对应的项目内容，如图1.33所示。

03 根据需要选择其他选项卡，并按照每个选项卡项目的内容填写，单击【确定】按钮，如图1.34所示。在设置简介时，并非所有项目都要填写，可按照需求而定。

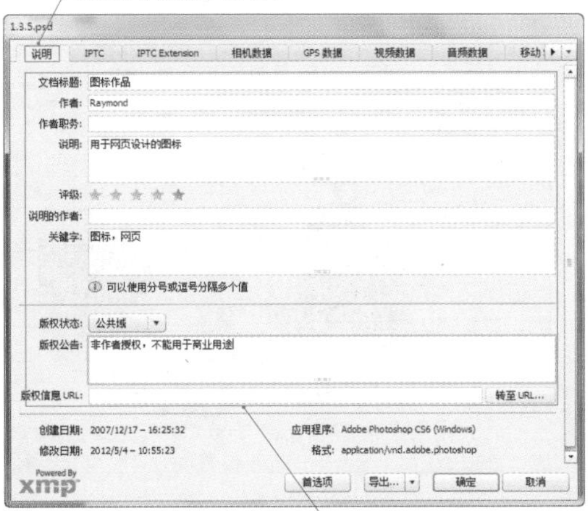

1.选择【说明】选项卡

2.输入相关说明内容

图1.33 输入说明内容

1.根据需要选择其他选项卡添加内容

2.根据不同选项的项目输入相关内容

3.单击【确定】按钮

图1.34 输入其他内容

1.3.6 打印图像

当编辑完图像文件后，如果电脑连接了打印机，就可以直接通过Photoshop的"打印"功能将图像打印出来。

当需要打印图像时，可以选择【文件】|【打印】命令，再通过打开的【Photoshop打印设置】对话框中指定打印机，设置打印色彩和其他打印选项，最后单击【打印】按钮即可让打印机执行打印图像的处理，如图1.35所示。

1.打开【Photoshop打印设置】对话框
2.指定打印机
3.对打印机进行设置
4.设置其他选项
5.单击【打印】按钮

图1.35 打印当前编辑的图像

1.4 小结与思考

本章主要讲解了Photoshop CS6的入门基础知识，包括新功能的作用和全新用户界面的组成，以及介绍了文件管理的各种方法。通过本章的学习，用户可以在这些基础上，更好地学习后续章节的知识。

思考与练习

（1）思考

Photoshop CS6强化的【裁剪工具】有什么样的新功能，这种功能对裁剪图像有什么好处？

通过Mini Bridge打开文件时，是否随时可以通过Adobe Bridge打开文件，其前提条件是什么？

提示：前提是需要先启动Bridge。

（2）练习

本章练习题要求将提供的练习文件存储为Web所用格式，并使用GIF格式对图像进行优化处理，如图1.36所示。

（练习文件：..\Example\Ch01\1.4.psd）

图1.36 将图像存储为Web所用格式

图像查看与基本编辑

Photoshop是图像处理的工具，要对图像进行各种编辑处理，首先要了解图像的基础知识，并掌握编辑图像的基本方法。这样才可以延伸到针对各种需求对图像进行更复杂的处理，甚至设计特效、扩展应用等。

Chapter

2

2.1 图像基础知识

学习内容： 图像编辑的基础知识。

学习目的： 了解位图图像与矢量图形的差别、图像大小与分辨率的关系，以及颜色通道和位深度的作用。

学习备注： 掌握图像基础知识，对后续图像编辑有重要的指导作用。

要学习图像编辑，就要了解图像的基础知识，例如位图图像与矢量图形、图像大小与分辨率、图像的颜色通道等。

位图图像与矢量图形

在计算机中，图像是以数字方式进行记录、处理和保存的，可以分为两类，即位图图像和矢量图形。

1.位图图像

位图图像，又称为点阵图像或栅格图像，这种图像使用图片元素的矩形网格（像素）表现图像，每个像素都分配有特定的位置和颜色值。在处理位图图像时，用户所编辑的是像素，而不是对象或形状。

位图图像包含固定数量的像素。因此，如果在屏幕上以高缩放比率对它们进行缩放或以低于创建时的分辨率来打印它们，则将丢失其中的细节，并会呈现出锯齿，如图2.1所示。

图2.1 不同放大级别的位图图像

技巧　位图图像有时需要占用大量的存储空间，在某些程序中使用位图图像时，通常需要对其进行压缩以减小文件大小。例如，将图像文件导入之前，可在其原始应用程序中压缩该文件。

2.矢量图形

矢量图形，又称为矢量形状或矢量对象，它是由称作矢量的数学对象定义的直线和曲线构成的。矢量根据图像的几何特征对图像进行描述。用户可以任意移动或修改矢量图形，而不会丢失细节或影响清晰度。

当调整矢量图形的大小、将矢量图形打印到打印机、将矢量图形导入到基于矢量的图形应用程序中时，矢量图形都将保持清晰的边缘，如图2.2所示。因此，对于将在各种输出媒体中按照不同大小使用的图稿（如徽标），矢量图形是最佳选择。

2.1.2 图像大小与分辨率

对于位图来说，分辨率是指单位长度上的像素数，在通常情况下用每英寸所含像素来表示。像素尺寸测量了沿图像的宽度和高度的总像素数（测量单位是像素/英寸，即PPI），每英寸的像素越多，分辨率越高。一般来说，图像的分辨率越高，得到的印刷图像的质量就越好，如图2.3所示。

1.没有放大的矢量图形细节显示清晰

2.放大四倍的矢量图形没有丢失细节或影响清晰度

图2.2 不同放大级别的矢量图形

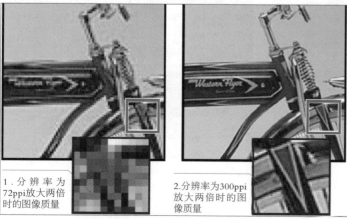

1.分辨率为72ppi放大两倍时的图像质量

2.分辨率为300ppi放大两倍时的图像质量

图2.3 不同分别率在放大时的图像质量

分辨率的种类较多，其划分方式与含义也不尽相同。下面就分别对图像分辨率、设备分辨率、网屏分辨率以及位分辨率这4种与图像设计关系比较密切的分辨率进行介绍。

图像分辨率：通常指的是每英寸图像所包含的像素点数。分辨率越高，图像越清晰，占用的磁盘空间越大，处理的时间越长；反之，图像越模糊，占用的磁盘空间越小，处理时间也越短。在Photoshop CS6中，除了可使用"英寸"单位来计算分辨率外，还可以使用"厘米"等其他单位来计算分辨率，不同单位计算出来的分辨率不同，因此，如果没有特殊说明，一般使用英寸为单位进行计算。

设备分辨率：又称为输出分辨率，它是指每单位输出长度所代表的像素点数，是不可更改的，每个设备各自都有其固定的分辨率。如电脑显示器、扫描仪、数码相机等，都有一个固定的最大分辨率参数。

网屏分辨率：是指打印灰度图像或分色图像时，所用的网屏上每英寸的点数。这种分辨率通过每英寸的行数（LPI）来表示。

2.1.3 图像的颜色通道

每个Photoshop图像都有一个或多个通道，每个通道中都存储了关于图像色素的信息。图像中的默认颜色通道数取决于图像的颜色模式。

在默认情况下，位图、灰度、双色调和索引颜色模式的图像有一个通道；RGB和Lab图像有3个通道，如图2.4所示；而CMYK图像有4个通道，如图2.5所示。

图2.4 RGB图像有3个通道

图2.5 CMYK图像有4个通道

2.1.4 位深度

位深度用于指定图像中的每个像素可以使用的颜色信息数量。每个像素使用的信息位数越多，可用的颜色就越多，颜色表现就越逼真。

位深度为8的图像有2的8次方数量（即256）的可能值，因此位深度为8的灰度模式图像有256个可能的灰色值。

而对于RGB图像，它由RGB三个颜色通道组成。8位/像素的RGB图像中的每个通道有256个可能的值，这意味着RGB图像有1600万个以上可能的颜色值。所以，RGB图像能够表现很丰富的内容色彩。

在Photoshop CS6中，用户要更改图像的位深度，可以通过【图像】|【模式】的子菜单命令来实现，如图2.6所示。

1.打开【图像】|【模式】子菜单

2.选择合适的位深度命令

图2.6 更改图像的位深度

2.2 查看图像

学习内容：查看图像的不同方式。

学习目的：掌握使用屏幕模式查看图像，使用各种工具查看图像局部，以及在多个窗口中查看图像的方法。

学习备注：经常查看图像效果，可以以确认操作的结果符合要求。

Photoshop CS6提供很多种编辑图像和设计特效的功能，但对于大多数图像处理来说，基本的图像查看与编辑功能是最常用的。本节将介绍在Photoshop中，查看与编辑图像的各种方法。

2.2.1 使用不同的 屏幕模式

Photoshop为用户提供了多种屏幕模式，用户可以使用不同的屏幕模式达到显示或隐藏菜单栏、标题栏和滚动条的目的，从而更方便地查看图像。

图2.7 选择不同的屏幕模式

使用不同的屏幕模式，可以执行以下操作。

01 要显示默认屏幕模式（菜单栏位于顶部，滚动条位于侧面），可以选择【视图】|【屏幕模式】|【标准屏幕模式】命令，如图2.7所示。

02 要显示带有菜单栏和50%灰色背景，但没有标题栏和滚动条的全屏窗口，可以选择【视图】|【屏幕模式】|【带有菜单栏的全屏模式】命令。图2.8所示为带有菜单栏的全屏模式。

03 要显示只有黑色背景的全屏窗口（无标题栏、菜单栏或滚动条），可以选择【视图】|【屏幕模式】|【全屏模式】命令。图2.9所示为全屏模式。

图2.8 带有菜单栏的全屏模式

图2.9 全屏模式

技巧 在全屏模式下，面板是隐藏的，用户可以将鼠标移到屏幕两侧来显示面板，或者按下Tab键显示面板。另外，当需要退出全屏模式时，可以按F键或Esc键。

查看图像的
局部区域

2.2.2

全屏幕通常用于查看图像的全部效果，但需要查看图像局部区域时，则可以通过下面的方法来实现。

1.使用缩放工具

使用【缩放工具】 🔍 可放大或缩小图像。当使用【缩放工具】时，用户每单击一次都会将图像放大（直接单击）或缩小（按住Alt键单击）到下一个预设的百分比，并以单击的点为中心将显示区域居中，如图2.10所示。

图2.10 使用缩放工具放大图像

如果要放大查看图像的特定区域，则可以使用【缩放工具】 🔍 在图像需要查看的区域中拖动，此时图像将以【缩放工具】所在的位置逐渐缩放，如图2.11所示。

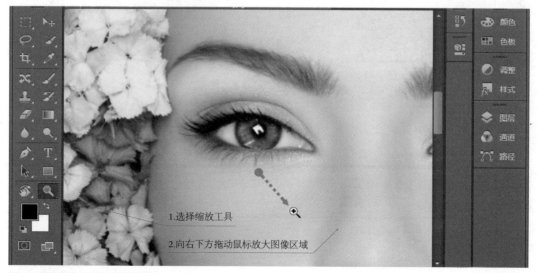

图2.11 拖动缩放工具放大图像区域

技巧　在使用【缩放工具】拖动缩放图像时，向图像左侧（包括左上、左下）移动会缩小图像；向图像右侧（包括右上、右下）移动会放大图像。另外使用【缩放工具】拖动即时缩放图像的功能需要图形硬件加速支持，简单说就是要求显卡支持动态图形加速技术。否则用户在拖出【缩放工具】时会先拖出缩放选框，放开鼠标后才会根据缩放选框缩放图像。

　　除了使用【缩放工具】■单击或拖动缩放图像外，还可以通过选项栏的功能按钮设置图像显示方式，如图2.12所示。

　　实际像素：以100%的大小显示图像。实际像素视图所显示的图像与它在浏览器中显示的一样（基于显示器分辨率和图像分辨率）。

　　适合屏幕：将图像缩放为屏幕大小。

　　填充屏幕：缩放当前图像以适合屏幕。

　　打印尺寸：将图像缩放为打印分辨率大小。

图2.12　通过选项栏的功能按钮设置图像显示

2.使用抓手工具

　　当文件窗口中没有显示全部图像时，可以使用【抓手工具】■拖动以平移图像，查看图像的其他区域，如图2.13所示。

技巧　除了使用【抓手工具】移动图像外，还可以通过文件窗口的水平和垂直滚动条移动图像，以查看图像的不同区域，如图2.14所示。

图2.13 使用抓手工具移动图像

图2.14 通过窗口滚动条移动图像

2.2.3 使用旋转视图工具

使用【旋转视图工具】可以在不破坏图像的情况下旋转画布，同时不会使图像变形。旋转画布在很多情况下很有用，例如在绘制斜线时，可以旋转画布以使绘制方向变成水平方向，这样能使绘画或绘制更加省事。

要使用【旋转视图工具】旋转画布，可以先在工具箱中选择【旋转视图工具】，然后在图像中单击并拖动，以进行旋转。无论当前画布是什么角度，图像中的罗盘都将指向北方，如图2.15所示。当需要将画布恢复到原始角度时，只需单击选项栏的【复位视图】按钮即可。

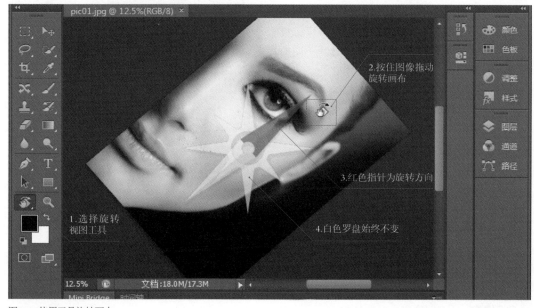

图2.15 使用工具旋转画布

2.2.4 在多个窗口中查看图像

在Photoshop CS6中，用户可以打开多个窗口来显示不同图像或同一图像的不同视图。要新建窗口，可以选择【窗口】|【排列】|【为"pic01.jpg"新建窗口】命令，如图2.16所示。

图2.16 通过新建窗口查看图像不同视图

打开窗口的列表显示在【窗口】菜单下方。如果用户要将打开的图像置于顶层，可以从【窗口】菜单的底部选择文件名，如图2.17所示。

如果要排列工作区中的多个文件窗口，可以打开【窗口】|【排列】子菜单，选择不同的排列方式。

全部垂直拼贴：将所有文件窗口垂直排列。

全部水平拼贴：将所有文件窗口水平排列。

双联水平：水平两栏排列两个文件窗口。

双联垂直：垂直两列排列两个文件窗口。

三联水平：水平三栏排列三个文件窗口。

三联垂直：垂直三列排列三个文件窗口。

三联堆积：左侧单列右侧两栏排列三个文件窗口，如图2.18所示。

四联：左侧两栏右侧两栏排列四个文件窗口。

六联：左侧三栏右侧三栏排列四个文件窗口。

将所有内容合并到选项卡中：以单个文件窗口显示图像，所有图像集合在窗口内。

图2.17 切换当前文件窗口的图像

层叠：从屏幕的左上角到右下角以堆叠和层叠方式显示未停放的窗口，如图2.19所示。

图2.18 三联堆积排列文件窗口

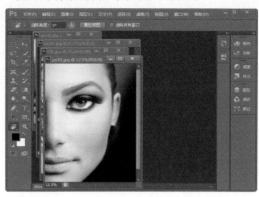

图2.19 层叠排列文件窗口

平铺：以边靠边的方式显示窗口。当关闭图像时，打开的窗口将调整大小以填充可用空间。

在窗口中浮动：允许图像自由浮动。

使所有内容在窗口中浮动：使所有图像浮动。

将所有内容合并到选项卡中：全屏显示一个图像，将其他图像最小化到选项卡中。

2.3 图像基本编辑

学习内容： 图像基本编辑的方法和操作。

学习目的： 掌握复制图像、应用图像、修改图像与画布大小、裁剪图像的方法，以及使用【历史记录】面板的技巧。

学习备注： 很多出色的图像设计都是从最基本的编辑操作起。

本节将介绍图像编辑的基础操作，如复制图像、应用图像、设置图像与画布大小及裁剪图像等。

2.3.1 复制图像

当需要使用同一个图像而进行不同效果或不同风格的设计时，用户可以创建图像副本，让同一个图像可以分成两个文件，此时即可针对图像进行不同的设计，从而提高工作效率。

创建图像副本的方法很简单，用户只需在菜单栏中选择【图像】|【复制】命令，接着在打开的【复制图像】对话框中为图像副本重新命名，最后单击【确定】按钮即可，如图2.20所示。创建图像副本的结果如图2.21所示。

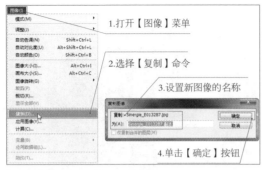

图2.20 复制图像

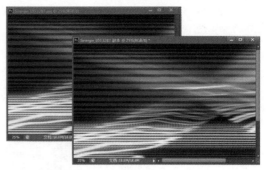

图2.21 创建图像副本的结果

2.3.2 应用图像

应用图像可将源图像的图层和通道与目标图像的图层和通道混合，从而制作出奇特的图像效果。在菜单栏中选择【图像】|【应用图像】命令，打开如图2.22所示的【应用图像】对话框。

下面对该对话框的参数选项逐一进行介绍。

源：用于选择要与目标图像组合的源图像。

图层：用于选择与目标图像组合的源图像图层。

通道：用于选择与目标图像组合的源图像通道。

图2.22 【应用图像】对话框

反相：选择该复选框可在Photoshop进行通道计算时使用通道内容的负片。

混合：用于选择源图像与目标图像混合的类型。

不透明度：用于指定应用效果的强度。

保留透明区域：选择该复选框可将效果应用到结果图层的不透明区域。

蒙版：选择该复选框可通过蒙版应用混合。

应用图像的操作步骤如下（练习文件：..\Example\Ch02\2.3.2a.psd；2.3.2b.psd）。

01 打开练习文件（两个文件的大小属性一致），先单击"2.3.2b.psd"练习文件的标题，使之作为当前图像，接着选择【图像】|【应用图像】命令，如图2.23所示。

02 打开对话框后，此时可以看到【目标】为"2.3.2b.psd"文件，也就是当前文件。需要注意的是【目标】不能更改，指定的当前文件就是默认的目标文件，所以在操作前要特别注意。

图2.23 应用图像

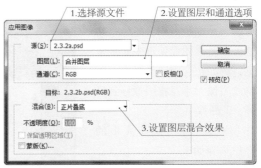

图2.24 设置应用图像的选项

03 此时将【源】文件更改为"2.3.2a.psd",【图层】选项为【合并图层】,在设置混合效果为【正片叠底】,如图2.24所示。此时通过预览功能可以看到应用图像的结果如图2.25所示。

04 如果对当前【正片叠底】混合模式的效果不满意,可以打开【混合】下拉列表,选择其他模式。例如本步骤选择【柔光】,然后选择【反相】复选框,最后单击【确定】按钮,如图2.26所示。

图2.25 图像应用正片叠底混合效果的结果

图2.26 修改应用图像选项

2.3.3 修改图像与画布大小

修改图像与画布的大小，可以缩小或扩大图像与画布。这种修改在图像处理中非常常见，例如在合同图像时，可以修改图像大小，将图像移到另外一个图像中。

修改图像与画布大小的操作步骤如下（练习文件：..\Example\Ch02\2.3.2a.psd；素材文件：..\Example\Ch02\厨房.psd）。

01 先打开练习文件和素材文件，然后将"厨房.psd"素材文件作为当前编辑文件，接着选择【图像】|【图像大小】命令（组合键：Alt+Ctrl+I），如图2.27所示。

图2.27 准备修改图像大小

02 打开【图像大小】对话框后，在【像素大小】栏重新设置图像的大小，例如本例设置宽高分别为1680像素和1014像素，设置后单击【确定】按钮，如图2.28所示。

03 此时使两个文件窗口浮动显示，然后将已经修改图像大小的"厨房.psd"素材文件的图像拖到练习文件上，如图2.29所示。

图2.28 设置图像大小

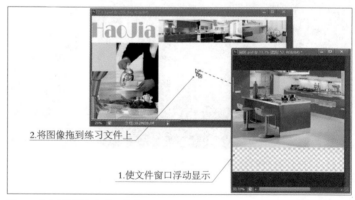

图2.29 将素材图像加入练习文件

04 此时将加入到练习文件的图像调整好位置，然后选择【图像】|【画布大小】命令（组合键：Alt+Ctrl+C），如图2.30所示。

05 打开【画布大小】对话框后，在【定位】选项中设置扩大或缩小画布的方向，然后设置画布的大小（本例在【宽度】项中输入22），最后单击【确定】按钮。此时可以发现练习文件的画布在左边扩大了，如图2.31所示。

图2.30 准备修改画布大小

图2.31 扩大画布的宽度

06 此时通过【矩形选框工具】 在扩大的画布处创建一个选区，再使用【油漆桶工具】 将选区填充为灰色，以完成作品的处理，结果如图2.32所示。关于选区工具和填充工具的使用，本书后文将详细介绍，请读者自行翻阅。

图2.32 将扩大的画布区域填充为灰色

注意 【定位】选项的作用是通过调整画布扩展位置来指定画布扩展方向。例如，在【画布大小】对话框设置定位如图2.33所示，即可让画布向右上方扩展，结果如图2.34所示。

图2.33 向右上方扩展画布　　图2.34 扩展画布的结果

2.3.4 裁剪与透视
裁剪图像

　　裁剪是移去部分图像以形成突出或加强构图效果的过程。在Photoshop CS6中，用户可以使用【裁剪工具】和【透视裁剪工具】命令来裁剪图像（素材文件：..\Example\Ch02\2.3.4.JPG）。

1.使用裁剪工具裁剪图像

　　使用裁剪工具裁剪图像的操作方法如下。

01 在工具箱中选择【裁剪工具】，然后在选项栏设置是否约束裁剪框。

不约束裁剪框时可以选择【不受约束】选项，并在长宽文本框中不输入任何数值。

如果要约束裁剪框，可以在约束选项列表中选择选项，或者在长宽文本框中输入数值以设置宽高比，如图2.35所示。

02 当选择【裁剪工具】后，图像上即出现裁剪框，此时用户可以拖动裁剪框的控制点，设置裁剪框大小，如图2.36所示。如果是设置了受约束选项，那么裁剪框在操作时将按照约束选项的比例变化。

图2.35 设置约束选项　　图2.36 调整裁剪框

03 除了上面的方法，用户还可以直接在图像上拖动鼠标创建裁剪框。如果是设置了受约束选项，那么裁剪框将按照约束选项的比例创建；如果没有设置受约束选项，则裁剪框根据鼠标拖动幅度创建，如图2.37所示。

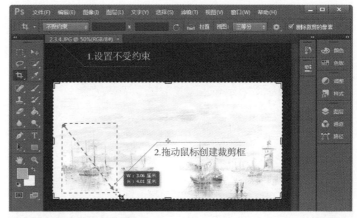

图2.37 通过拖曳的方式创建裁剪框

04 创建裁剪框后，如果有必要，可以调整裁剪选框：如果要将裁剪框移动到图像其他位置，可以将指针放在裁剪框内并拖动图像，以移动图像的方式即可，如图2.38所示。

图2.38 移动图像

如果要缩放裁剪框，可以拖动裁剪框的控制点；如果要约束比例，可在拖动角控制点时按住Shift键；如果要旋转图像，可以将指针放在裁剪框之外（指针变为弯曲的箭头）并拖动，如图2.39所示。

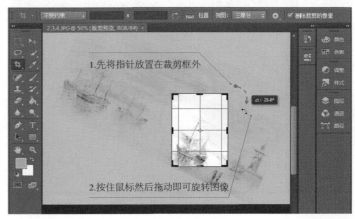

图2.39 旋转图像

05 要完成裁剪，可以执行下列操作之一：

按下Enter键或单击选项栏中的【提交】按钮✓。

在裁剪选框内双击，如图2.40所示。

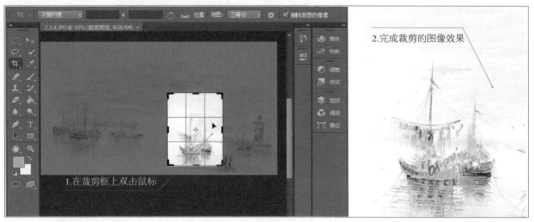

图2.40 完成裁剪

06 如果要取消裁剪操作，只需按下Esc键或单击选项栏中的【取消】按钮⊘即可。

2.使用透视裁剪工具裁剪图像

【透视裁剪工具】不仅可以裁剪图像，还可让用户变换图像中的透视。这在处理包含扭曲的图像时非常有用。当从一定角度而不是以平直视角拍摄对象时，会发生扭曲的现象。

使用透视裁剪工具裁剪图像的操作方法如下。

01 在工具箱中选择【透视裁剪工具】，然后在图像上创建裁剪框，如图2.41所示。

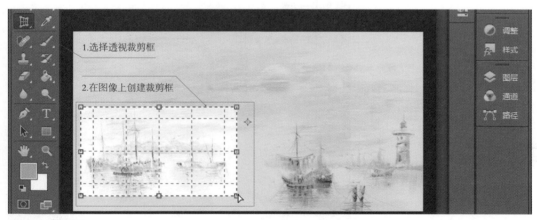

图2.41 创建裁剪框

02 移动裁剪选框的控制点，定义图像的透视，如图2.42所示。

03 在选项栏中设置重新取样选项。

要裁剪图像而不重新取样（默认），请确保选项栏中的【分辨率】文本框是空白的。用户可以单击【清除】按钮以快速清除所有文本框。

要在裁剪过程中对图像进行重新取样，可以在选项栏中输入高度、宽度和分辨率的值，如图2.43所示。

如果要基于另一图像的尺寸和分辨率对一幅图像进行重新取样，需要先打开依据的那幅图像，然后单击选项栏中的【前面的图像】按钮，接着使要裁剪的图像成为现用图像。

图2.42 定义图像透视

图2.43 设置重新取样

04 要完成裁剪，可以执行下列操作之一：

按下Enter键或单击选项栏中的【提交】按钮 ✓。

在裁剪选框内双击，如图2.44所示。

05 如果要取消裁剪操作，只需按下Esc键或单击选项栏中的【取消】按钮 ⊘ 即可。

图2.44 完成裁剪

2.3.5 通过历史面板对比图像

【历史记录】面板用于记录处理图片时的每一个操作，如图2.45所示。若用户在处理图片过程中操作错误，可以通过撤销历史记录来还原图片。用户要删除某一步操作的时候，只要用鼠标单击该操作的前一步操作，再对图片重新进行编辑就可以了。

1.打开【历史记录】面板

2.通过面板查看操作记录

图2.45 【历史记录】面板

注意　【历史记录】面板保存记录是有数量限制的，默认保存记录数是20条（最多保存1000条记录）。如果用户需要更改保存记录的数量，可以打开选择【编辑】|【首选项】命令，打开【首选项】对话框，然后在【性能】选项卡中设置历史记录数量，如图2.46所示。不过需要注意，设置的历史记录数越高，需要的系统缓存就越大。

1.打开【首选项】对话框

4.单击【确定】按钮

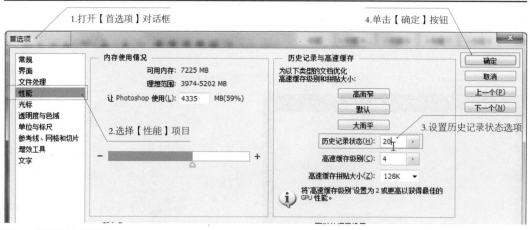

2.选择【性能】项目

3.设置历史记录状态选项

图2.46 设置历史记录数量

【历史记录】面板能够记录用户处理图像时的操作步骤，它还有另一个功能，就是利用该面板的【创建新快照】按钮查看图像处理前后的对比。当用户在进行一些操作后，可以创建新快照，此时图像的当前状态将保存在【历史记录】面板中。此时用户可以继续进行一些操作，当需要与之前的操作结果对比时，即可选择快照以对比效果。例如图2.47所示，先将当前编辑状态创建快照。接着，对图像中的建筑物进行颜色变化的处理，再将编辑状态创建另一个快照，此时即可如图2.48所示通过快照对比编辑前后的效果。

图2.47 创建新快照

图2.48 通过快照对比图像效果

2.4 小结与思考

本章先从图像基础指示讲起，然后通过查看图像和编辑图像两方面介绍图像处理的入门知识，其中包括了解图像类型、使用不同屏幕模式查看图像、使用工具查看图像、复制图像、裁剪图像和使用【历史记录】面板辅助图像编辑等内容。

思考与练习

（1）思考

对于图像来说，每英寸的像素越多，分辨率越高。那么是不是就可以说，图像的分辨率越高，得到的印刷图像的质量就越好？

在Photoshop中，如果对图像进行了一系列的编辑处理，但是想要恢复到最初的图像状态，可以通过什么方法来达到？

提示：可以通过【历史记录】面板来删除操作，恢复图像初始状态。

（2）练习

本章练习题要求使用已经提供的两个练习文件，然后使用【应用图像】功能，制作如图2.49所示的图像效果（练习文件：..\Example\Ch02\2.4a.jpg、2.4b.jpg）。

图2.49 应用图像的效果

图像的颜色
与颜色调整

图像作品的出色，除了来自于设计的创意外，还有很大一部分来自于颜色的运用。因此，颜色对于图像设计来说是很重要的课题。在学习运用颜色前，首先需要了解颜色和颜色模型。

Chapter

3

3.1 颜色与颜色模式

学习内容: 颜色模型的生成和颜色模式。

学习目的: 了解颜色是如何产生的、加色原色和减色原色模型,以及图像设计的各种颜色模式。

学习备注: 图像颜色模式决定了显示和打印所处理图像的颜色模型。

图像作品的出色,除了来自于设计的创意,还有很大一部分来自于颜色的运用。因此,颜色对于图像设计来说是很重要的课题。在学习运用颜色前,首先需要了解颜色和颜色模型。

3.1.1 关于颜色

颜色是人对于光的一种感觉。人能够看见物体,并分辨物体的颜色,是由于光的原因。

1.加色原色

加色原色是指三种色光(红色、绿色和蓝色),当按照不同的组合将这三种色光添加在一起时,可以生成可见色谱中的所有颜色,如图3.1所示。我们计算机的显示器是使用加色原色来创建颜色的设备,因此,显示器上看到的颜色都是由红、绿、蓝三种颜色以不同组合方式添加而产生的。

2.减色原色

减色原色是指一些颜料按照不同的组合添加在一起时创建的一个色谱。减色原色一般由青色、洋红色、黄色和黑色颜料通过减色混合来生成,如图3.2所示。

之所以称为减色原色,是因为这些原色都是纯色,将它们混合在一起后生成的颜色都是原色的非纯色版本。例如,橙色是通过将洋红色和黄色进行减色混合创建的。我们日常使用的打印机就是使用减色原色来打印文件的。

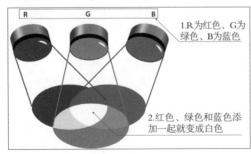

图3.1 加色原色的生成

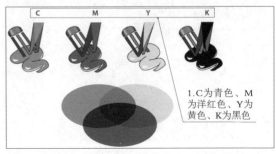

图3.2 减色原色的生成

3.1.2 图像的颜色模式

颜色模型用于描述在数字图像中看到和使用的颜色。每种颜色模型（如RGB、CMYK或HSB）分别表示用于描述颜色的不同方法。

在Photoshop中，图像的颜色模式决定了用于显示和打印所处理的图像的颜色模型。Photoshop的颜色模式基于颜色模型，而颜色模型对于印刷中使用的图像非常有用。因此，用户在处理或应用图像前，可以先设置图像的颜色模式，例如RGB（红色、绿色、蓝色）、CMYK（青色、洋红、黄色、黑色）、Lab颜色和灰度等。另外，Photoshop还包括用于特殊色彩输出的颜色模式，如索引颜色和双色调。

1.RGB颜色模式

Photoshop的RGB颜色模式使用RGB模型，并为每个像素分配一个强度值。RGB描述的是红色（Red）、绿色（Green）和蓝色（Blue）三色光（也就是常说的"三原色"）的数值。其中图像中的每个RGB分量的强度值为0（黑色）~255（白色）。例如，亮红色使用R246、G20和B50。当R、G、B的值均为255时，结果是纯白色；当R、G、B的值都为0时，结果是纯黑色。图3.3所示为使用RGB颜色模式的图像。

2.CMYK颜色模式

CMYK颜色模式为减色原色，该模式下可以为每个像素的每种印刷油墨指定一个百分比值。CMYK描述的是青色（Cyan）、洋红（Magenta）、黄色（Yellow）和黑色（Black）4种油墨的数值。图3.4所示为更换成CMYK颜色模式的图像。

组合青色、洋红、黄色和黑色时，CMYK模式为最亮（高光）颜色指定的印刷油墨颜色百分比较低；而为较暗（阴影）颜色指定的百分比较高。例如，亮红色可能包含2%青色、93%洋红、90%黄色和0%黑色。在CMYK图像中，当四种分量的值均为0%时，就会产生纯白色。

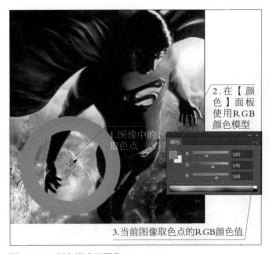

图3.3 RGB颜色模式的图像

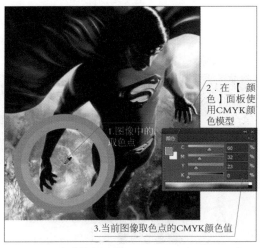

图3.4 CMYK颜色模式的图像

3.Lab颜色模式

Lab颜色模型是基于人对颜色的感觉，Lab中的数值描述的是正常视力的人能够看到的所有颜色。Lab颜色模式以一个亮度通道L（Lightness）以及a、b两个颜色通道来表示颜色。L通道代表颜色的亮度，其值域从0~100，当L=50时，就相当于50%的黑。a通道表示从红色至绿色的范围，b通道表示从蓝色至黄色的范围，其值域都是从+127~-128。图3.5所示为更改成Lab颜色模式的图像。

注意 因为Lab描述的是颜色的显示方式，而不是设备（如显示器、桌面打印机或数码相机）生成颜色所需的特定色料的数量，所以Lab被视为与设备无关的颜色模型。

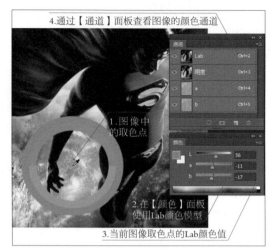

4.通过【通道】面板查看图像的颜色通道

1.图像中的取色点

2.在【颜色】面板使用Lab颜色模型

3.当前图像取色点的Lab颜色值

图3.5 Lab颜色模式的图像

4.灰度颜色模式

灰度颜色模式用黑色与白色表示图像颜色，但在这种颜色之间引入了过渡色灰色。灰度模式只有一个8位的颜色通道，通道取值范围从0%（白色）~100%（黑色）。用户可以通过调节通道的颜色数值来产生各个评级的灰度。图3.6所示为更改成灰度颜色模式的图像。

5.其他颜色模式

位图模式：使用两种颜色值（黑色或白色）之一表示图像中的像素。图像中每种像素色彩用1位数据保存，色彩数据只有1和0两种状态，1代表白色，0代表黑色。

双色调模式：该模式通过1~4种自定油墨创建单色调、双色调（2种颜色）、三色调（3种颜色）和四色调（4种颜色）的灰度图像。

索引颜色模式：这种模式只能存储一个8bit色彩深度的文件，即最多256种颜色，这些颜色被保存在一个称为颜色表的区域中，每种颜色对应一个索引号，索引色模式由此得名，如图3.7所示。

多通道模式：这种模式的图像在每个通道中包含256个灰阶，对于特殊打印很有用。

2.在【颜色】面板使用灰度颜色模型

1.图像中的取色点

3.当前图像取色点的灰度颜色值

图3.6 灰度颜色模式的图像

1.颜色表存储了图像所应用的所有颜色

图3.7 索引颜色模式的图像

注意

当将图像转换为多通道模式时，注意以下原则：

由于图层不受支持，因此已拼合。

原始图像中的颜色通道在转换后的图像中将变为专色通道。

通过将CMYK图像转换为多通道模式，可以创建青色、洋红、黄色和黑色专色通道。

通过将RGB图像转换为多通道模式，可以创建青色、洋红和黄色专色通道。

通过从RGB、CMYK或Lab图像中删除一个通道，可以自动将图像转换为多通道模式，从而拼合图层。

索引颜色和32位图像无法转换为多通道模式。

3.1.3 转换图像颜色模式

在Photoshop中，用户可以将图像从原来的模式（源模式）转换为另一种模式（目标模式）。当为图像选取另一种颜色模式时，将永久更改图像中的颜色值。例如，将RGB图像转换为CMYK模式时，位于CMYK色域外的RGB颜色值将被调整到色域之内。因此，如果将图像从CMYK转换回RGB，一些图像颜色值可能会丢失并且无法恢复。

要转换图像的颜色模式，可以将图像打开到Photoshop中，然后打开【图像】|【模式】子菜单，再根据需要选择合适的颜色模式即可，如图3.8所示。

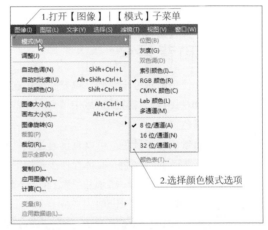

图3.8 为图像设置颜色模式

在制作用于印刷的图像时，应使用CMYK颜色模式，以便可以让打印出来的结果与在显示器中看到的结果一致。如果用户从RGB模式的图像开始，则最好先在RGB模式下编辑图像，然后在编辑结束时转换为CMYK。在RGB模式下，用户可以使用【校样设置】命令模拟CMYK转换后的效果，而无需手动更改图像数据，如图3.9所示。

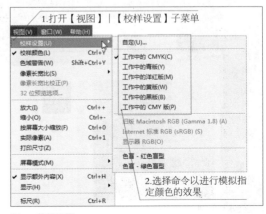

图3.9 校样设置

3.2 颜色的选择

学习内容：选择颜色的方法。

学习目的：掌握通过工具箱设置颜色、使用吸管工具选择颜色、绘图时选择颜色，以及使用【颜色】和【色板】面板方法。

学习备注：Photoshop为用户提供了多种选择和更改颜色的功能。

要在图像上应用颜色，就必须先选择到合适的颜色。在Photoshop CS6中，可以使用多种方法选取颜色。

3.2.1 设置前景色和背景色

Photoshop使用前景色来绘画、填充和描边选区，使用背景色来生成渐变填充和在图像已抹除的区域中填充。一些特殊效果滤镜也使用前景色和背景色。

要设置前景色和背景色，可以直接通过工具箱的【前景色】框和【背景色】框■■来选择颜色，具体操作步骤如下。

`01` 要更改前景色，可以单击工具箱中靠上的颜色选择框，然后在Adobe拾色器中选择一种颜色，如图3.10所示。

4.单击【确定】按钮

3.可以通过输入数值的方式定义颜色

1.单击【前景色】框　　2.在拾色器中选择一种颜色

图3.10 设置前景色

02 要更改背景色，可以单击工具箱中靠下的颜色选择框，然后在Adobe拾色器中选取一种颜色，如图3.11所示。

03 要反转前景色和背景色，可以单击工具箱中的【切换颜色】图标。

04 要恢复默认前景色和背景色，可以单击工具箱中的【默认颜色】图标。

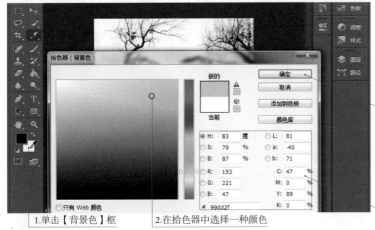

4.单击【确定】按钮

3.移动颜色样本栏的控制点可以改变颜色

1.单击【背景色】框   2.在拾色器中选择一种颜色

图3.11 设置背景色

注意 在拾色器中选择颜色时，会同时显示HSB、RGB、Lab、CMYK和十六进制数的数值。这对于查看各种颜色模型描述颜色的方式非常有用。

3.2.2 使用吸管工具选择颜色

【吸管工具】是一种用于采集色样以指定新的前景色或背景色的工具。用户可以使用此工具从现有图像或屏幕上的任何位置采集色样。

使用吸管工具选择颜色的操作步骤如下（示范文件：..\Example\Ch03\3.2.2.jpg）。

01 在工具箱中选择【吸管工具】，然后在选项栏中，从【取样大小】下拉列表中选择一个选项，更改吸管的取样大小。

取样点：读取所单击像素的精确值。

3 x 3平均、5 x 5平均、11 x 11平均、31 x 31平均、51 x 51平均、101 x 101平均：读取单击区域内指定数量的像素的平均值。

02 从【样本】下拉列表中选择用户采集色样的目标图层选项。

03 如果要使用可在当前前景色上预览取样颜色的圆环来圈住吸管工具，则选择【显示取样环】复选框（此选项需要图形硬件加速功能），如图3.12所示。

1.选择吸管工具　　2.设置取样大小选项　　3.设置样本选项并选择【显示取样环】复选框

图3.12 设置吸管工具选项

04 完成选项设置后，即可执行下列操作之一：

要选择新的前景色，可在图像内单击。或者将指针放置在图像上，按住鼠标左键并在屏幕上随意拖动，此时【前景色】框会随着拖动不断变化。松开鼠标按钮，即可拾取新颜色，如图3.13所示。

要选择新的背景色，可以按住Alt键并在图像内单击。或者将指针放置在图像上，按住Alt键再按下鼠标左键在屏幕上的任何位置拖动，此时【背景色】框会随着拖动不断变化。松开鼠标按钮，即可拾取新颜色，如图3.14所示。

图3.13 选择新的前景色

图3.14 选择新的前景色

3.2.3 在绘图时选择颜色

我们经常需要在绘图过程中更改颜色，如果每次更换颜色时都需要先选择【吸管工具】后才进行颜色采样的话，就显得比较麻烦。其实，绘图过程中可以利用以下的小技巧进行选择颜色的处理。

1.在绘图时从图像中选择颜色

要在使用任一绘画工具时暂时使用【吸管工具】选择前景色时，可以在使用绘图工具过程中，按住Alt键的同时单击【吸管工具】，此时用户即可使用该工具选择的颜色，如图3.15所示。当放开Alt键后，又变回原来的绘图工具。

1.当前使用的绘图工具

3.【前景色】随选择的颜色变化

2.按住Alt键在图像上选择颜色

图3.15 绘图时选择前景色

2.在绘图时使用HUD拾色器选择颜色

在绘图时我们还可以使用HUD拾色器选择颜色。提示型显示（HUD）拾色器可让用户在文件窗口中绘画时快速选择颜色。

在使用HUD拾色器前，可以打开通过【编辑】│【首选项】│【常规】命令（组合键Ctrl+K）打开【首选项】对话框，然后在【HUD拾色器】下拉列表中选择拾色器类型，如图3.16所示。

设置HUD拾色器类型后，在使用绘图工具处理图像时，可以按住Shift+Alt组合键然后单击右键，即可在弹出的HUD拾色器中选择颜色，如图3.17所示。

1.打开【首选项】对话框
2.选择【常规】项目
4.单击【确定】按钮
3.选择HUD拾色器类型

1.当前使用的绘图工具
2.按住Shift+Alt键并单击鼠标右键打开HUD拾色器
3.同时单击右键移动鼠标选择颜色

图3.16 选择HUD拾色器类型

图3.17 使用HUD拾色器选择颜色

3.2.4 使用【颜色】和【色板】面板

【颜色】面板显示当前前景色和背景色的颜色值。使用【颜色】面板中的滑块，可以利用几种不同的颜色模型来编辑前景色和背景色。用户也可以从显示在【颜色】面板底部的四色曲线图中的色谱中选择前景色或背景色。图3.18所示为【颜色】面板。

在【颜色】面板中，用户可以通过面板选项菜单设置不同颜色模型来选择颜色，如图3.19所示。

技巧	当选择颜色时，【颜色】面板可能显示下列警告： 当选择不能使用CMYK油墨打印的颜色时，四色曲线图左上方将出现一个内含惊叹号的三角形。 当选择的颜色不是Web安全色时，四色曲线图左上方将出现一个方形。

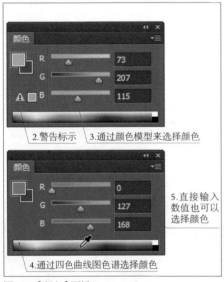

图3.18 【颜色】面板

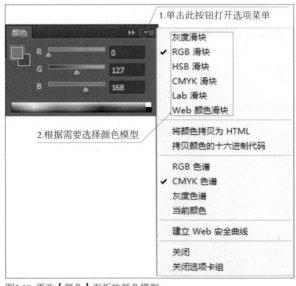

图3.19 更改【颜色】面板的颜色模型

【色板】面板可存储用户经常使用的颜色。用户可以在面板中添加或删除颜色，或者为不同的项目显示不同的颜色库。图3.20所示为【色板】面板。

在【色板】面板选择颜色可以按照下列方法操作：

要选择前景色，可以单击【色板】面板中的颜色。

要选择背景色，按住Ctrl键并单击【色板】面板中的颜色。

要将前景色存储到【色板】面板，可以在设置前景色后，单击【新建色板】按钮，然后在【色板名称】对话框中设置名称并单击【确定】按钮即可，如图3.21所示。

要删除【色板】上的颜色时，选择颜色色板并拖到【删除色板】按钮上即可，如图3.22所示。

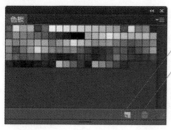

1.【创建色板】按钮

2.【删除】按钮

图3.20 【色板】面板　　　　　　　图3.21 设置色板名称　　　　　　图3.22 删除色板

3.3 图像颜色的调整

学习内容：调整图像的颜色。

学习目的：掌握通过【调整】面板、【调整】命令和工具，调整图像颜色的方法。

学习备注：调整图像颜色的处理场应用在处理数码相片的操作上。

很多时候，使用的原始图像素材的颜色效果不能满足使用的要求，此时就需要对图像颜色进行适当的调整。例如对于一些因拍摄环境和技术的影响导致颜色效果不佳的数码相片，就可以通过Photoshop进行颜色调整处理。

3.3.1 使用【调整】面板

在Photoshop中，大部分用于调整颜色和色调的工具都可以在【调整】面板中找到。用户可以单击【调整】面板的工具图标来应用调整。当单击工具图标后，该工具的属性调整会显示在【属性】面板中，通过【属性】面板即可设置工具的各个选项，以达到调整图像的效果，如图3.23所示。

2.单击【色阶】工具图标

1.打开【调整】面板

3.程序自动打开【属性】面板

4.面板显示色阶的设置选项

图3.23 应用调整工具

049

当图像通过【调整】面板应用某个调整功能时，程序会自动为图像创建调整图层，如图3.24所示。

使用【调整】面板应用调整的操作步骤如下（练习文件：..\Example\Ch03\3.3.1.jpg）。

01 打开练习文件，图像的初始效果如图3.25所示。

2.通过【属性】面板设置曲线选项　　　　1.应用【曲线】调整

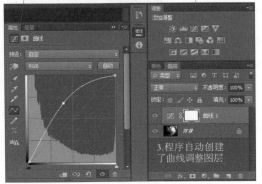
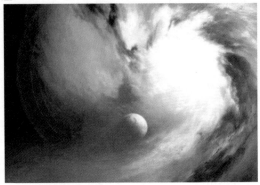

3.程序自动创建
了曲线调整图层

图3.24 应用调整功能会创建调整图层　　　　图3.25 图像的初始效果

注意　调整图层可将颜色和色调调整应用于图像，而不会永久更改像素值。例如，用户可以创建【色阶】或【曲线】调整图层，而不是直接在图像上调整【色阶】或【曲线】。颜色和色调调整存储在调整图层中并应用于该图层下面的所有图层。

---

02 在【调整】面板中，单击调整图标，例如本例单击【色彩平衡】图标 ░░。

03 此时程序打开【属性】面板，设置色调为【中间调】，然后通过拖动3个颜色样本栏的滑块调整图像颜色，如图3.26所示。调整色彩平衡后的图像如图3.27所示。

3.设置色调为【中间调】　　　1.打开【调整】面板
　　　　　　　　　　　　　2.单击【色彩平衡】图标

4.调整图像中间调颜色

图3.26 应用【色彩平衡】调整　　　　图3.27 调整图像后的结果

04 如有必要，可以执行下列操作之一：

要切换调整的可见性，可以单击【切换图层可见性】按钮 ◉。

要将调整恢复到其原始设置，可以单击【复位】按钮 ↻。

要去除调整，可以单击【删除此调整图层】按钮 。

要查看调整的上一个状态，可以单击【查看上一状态】按钮 。

要将调整应用于【图层】面板中该图层下的所有图层，可以单击【此调整影响下面的所有图层】按钮 。

3.3.2 使用【调整】命令

除了使用【调整】面板调整图像颜色效果外，还可以使用【调整】命令来调整图像颜色。Photoshop CS6为用户提供了多种调整颜色的命令，用户可以打开【图像】|【调整】子菜单，选择调整命令，如图3.28所示。

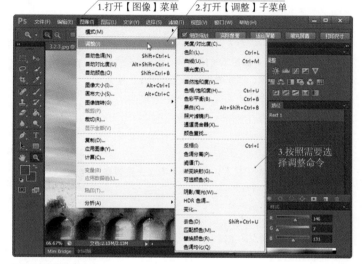

图3.28 选择调整命令

常用的调整命令如下。

亮度/对比度：调整图像的亮度和对比度。

色阶：通过为单个颜色通道设置像素分布来调整色彩平衡。

曲线：对于单个通道，为高光、中间调和阴影进行调整，最多提供14个控点。

曝光度：通过在线性颜色空间中执行计算来调整色调。

自然饱和度：调整颜色饱和度，以便在颜色接近最大饱和度时最大限度地减少修剪。

色相/饱和度：调整整个图像或单个颜色分量的色相、饱和度和亮度值。

色彩平衡：更改图像中所有的颜色混合。

照片滤镜：通过模拟在相机镜头前使用滤镜时所达到的摄影效果来调整颜色。

黑白：可让用户将彩色图像转换为灰度图像，同时保持对各颜色的转换方式的完全控制。

通道混合器：修改颜色通道并进行使用其他颜色调整工具不易实现的色彩调整。

阴影/高光：改善图像的阴影和高光细节。它基于阴影或高光中的周围像素（局部相邻像素）增亮或变暗。

HDR色调：可让用户将全范围的HDR对比度和曝光度设置应用于各个图像。

匹配颜色：将一张图像中的颜色与另一张图像相匹配；将一个图层中的颜色与另一个图层相匹配；将一个图像中选区的颜色与同一图像或不同图像中的另一个选区相匹配。此命令还可调整亮度和颜色范围，并对图像中的色痕进行中和。

替换颜色：将图像中的指定颜色替换为新颜色值。

注意 HDR意为"高动态范围"。HDR图像是使用多张不同曝光的图像，然后将其叠加合成一张图像。

使用【调整】命令调整图像的操作步骤如下（练习文件：..\Example\Ch03\3.3.2.jpg）：

[01] 打开练习文件，图像的初始效果如图3.29所示。

[02] 选择调整命令，例如本例选择【图像】|【调整】|【曲线】命令（或者按下Ctrl+M组合键）。

[03] 打开【曲线】对话框后，设置通道为RGB。

[04] 通过执行以下操作之一，在曲线上添加控制点：
直接在曲线上单击。

选择【图像调整工具】，然后单击图像中要调整的区域。

图3.29 图像的初始效果

[05] 此时按住控制点向上或向下拖动，即可调整RGB通道所有相似色调的值变亮或变暗，如图3.30所示。如果是使用【图像调整工具】的话，则单击图像中要调整的区域后，向上或向下拖动指针，使图像中所有相似色调的值变亮或变暗，如图3.31所示。

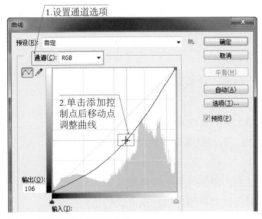

图3.30 添加控制点并调整曲线

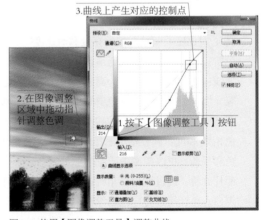

图3.31 使用【图像调整工具】调整曲线

[06] 要识别正在修剪的图像区域（黑场或白场），可以选择【显示修剪】复选框。

[07] 用户最多可以向曲线中添加14个控点。要移去控制点，可以将其从曲线中拖出，如图3.32所示。此外，用户可以选中该控制点后按Delete键或者按住Ctrl键并单击控制点来删除控制点。

08 如果需要调整曲线形状，可以执行下列操作之一：

单击某个控制点，并拖动曲线直到色调和颜色看起来正确。按住Shift键单击可选择多个点并一起将其移动。

选择【图像调整工具】 在图像上移动鼠标指针时，鼠标指针会变成吸管，并且曲线上的指示器显示下方像素的色调值。在图像上找到所需的色调值并单击，然后向上、向下垂直拖动以调整曲线。

单击曲线上的某个控制，然后在【输入】和【输出】文本框中输入值。

选择曲线网格左侧的【铅笔工具】 ，然后拖动以绘制新曲线，如图3.33所示。

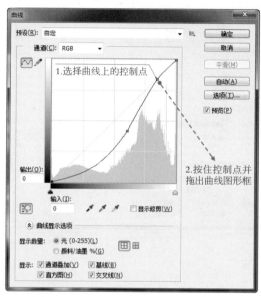

图3.32 删除控制点

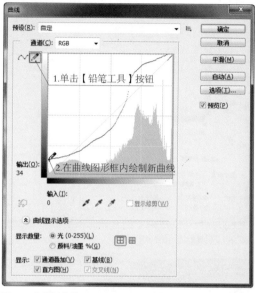

图3.33 绘制新曲线

技巧

在图3.33的操作中，用户可以按住Shift键将曲线约束为直线，然后单击以定义端点。完成后，单击【曲线】面板中的【平滑】按钮，即可使直线变平滑。

另外，曲线上的控制点都是保持锚定状态，直到移动它们。换言之，调整当前控制点是不会影响其他控制点的。因此，用户可以在不影响其他区域的情况下在某个色调区域中进行调整。

09 如果要取消之前对曲线的操作，可以打开【预设】下拉列表框，然后选择【默认值】选项，如图3.34所示。

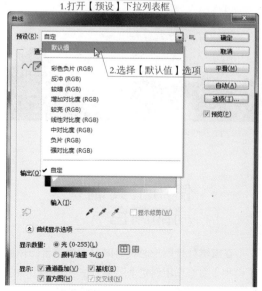

图3.34 恢复曲线默认值

要设置其他通道的曲线时，可以通过【通道】下拉列表框选择其他通道，然后再设置该通道的曲线，设置完成后，单击【确定】按钮即可，如图3.35所示。完成曲线调整后，图像的结果如图3.36所示。

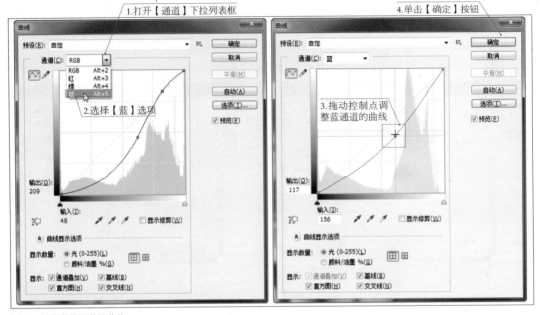

图3.35 设置其他通道的曲线

图3.36 经过曲线调整处理后的图像

 应用【调整】面板的调整功能会为图像添加调整图层，而【调整】命令则直接作用在图像上，不会自动为图像添加图层。

3.3.3 使用工具调整局部颜色

在编辑处理图像时，有时只需要改善图像局部的颜色效果而非全部，此时使用【调整】面板和【调整】命令作用到整个图像上是达不到目的的。因此，我们可以使用Photoshop提供的多种针对调整图像局部颜色的工具，对图像进行处理。

1.减淡工具

使用【减淡工具】🔍可改变图像特定区域的曝光度，使图像变亮。

使用减淡工具的操作步骤如下（练习文件：..\Example\Ch03\3.3.3a.jpg）。

01 打开练习文件，图像的初始效果如图3.37所示。

02 在工具箱中选择【减淡工具】🔍，在选项栏中选择画笔笔尖并设置画笔选项，如图3.38所示。

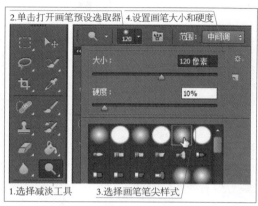

图3.37 图像的初始效果

图3.38 选择工具并设置画笔

03 设置【范围】选项。

中间调：更改灰色的中间范围。阴影：更改暗区域。高光：更改亮区域。

04 为工具指定曝光。

05 单击【喷枪】按钮🅐可以将画笔用作喷枪。选择【保护色调】复选框可以最小化阴影和高光中的修剪。该选项还可以防止颜色发生色相偏移。图3.39所示为设置其他选项的结果。

图3.39 设置工具选项

06 此时可以在要变亮的图像区域上拖动，增加该区域的亮度，如图3.40所示。如果区域较大，可以多次拖动指针来扩大作用区域或重复应用变亮。本例增加花瓣区域亮度的结果如图3.41所示

图3.40 调整图像部分区域的亮度

图3.41 增加图像花瓣区域亮度的结果

2.加深工具

　　使用【加深工具】可改变图像特定区域的曝光度，使图像变暗。

　　使用加深工具的操作步骤如下（练习文件：..\Example\Ch03\3.3.3b.jpg）。

01 打开练习文件，图像的初始效果如图3.42所示。

02 在工具箱中选择【加深工具】█，在选项栏中选择画笔笔尖并设置画笔选项，再设置其他工具选项，如图3.43所示。

图3.42 图像的初始效果

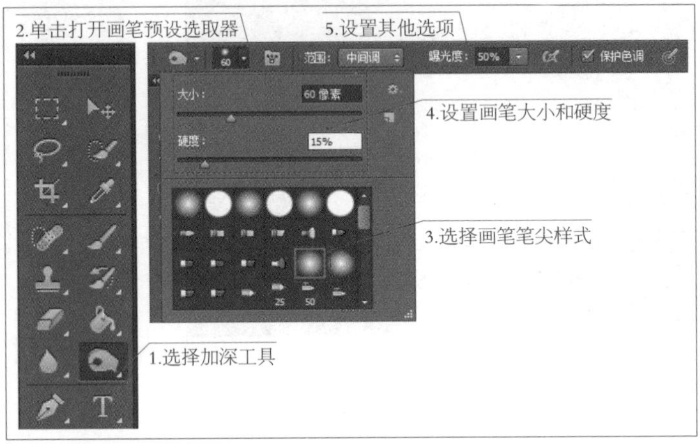

图3.43 选择工具并设置选项

03 此时可以在要变暗的图像区域上拖动，降低该区域的亮度，如图3.44所示。本例降低花瓣区域亮度的结果如图3.45所示。

图3.44 降低图像部分区域的亮度

图3.45 降低图像花瓣区域亮度的结果

3.海绵工具

　　【海绵工具】█可精确地更改图像区域的色彩饱和度。当图像处于灰度模式时，该工具通过使灰阶远离或靠近中间灰色来增加或降低对比度。

　　使用海绵工具的操作步骤如下（练习文件：..\Example\Ch03\3.3.3c.jpg）。

01 打开练习文件，图像的初始效果如图3.46所示。

02 在工具箱中选择【海绵工具】 ，在选项栏中选取画笔笔尖并设置画笔选项。

03 在选项栏中，从【模式】下拉列表中选择更改颜色的方式。

饱和：增加颜色饱和度。

降低饱和度：减少颜色饱和度。

04 为海绵工具指定流量，再选择【自然饱和度】选项以最小化完全饱和色或不饱和色的修剪，如图3.47所示。

图3.46 图像的初始效果

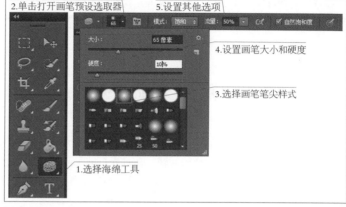

图3.47 选择工具并设置选项

05 此时在要修改的图像部分拖动，增加颜色饱和度或降低颜色饱和度，如图3.48所示。本例对图像除天空外的其他区域增加饱和度的结果如图3.49所示。

图3.48 增加图像部分区域的饱和度

图3.49 增加图像植物所在区域饱和度的结果

3.4 设计跟练

学习内容：应用调整图像的相关功能。

学习目的：掌握通过【调整】面板的相关功能和相关【调整】命令，
校正和改善相片光线效果的方法。

学习备注：跟练学习校正白平衡、改善光线和调整曝光过度的技巧。

3.4.1 校正相片白平衡

　　白平衡是描述显示器中红、绿、蓝三基色混合生成后白色精确度的一项指标。许多人在使用数码相机拍摄的时候都会遇到这样的问题：在日光灯的房间里拍摄的相片会显得发绿，在室内钨丝灯光下拍摄出来的景物就会偏黄，而在日光阴影处拍摄到的照片则莫名其妙地偏蓝，其原因就在于"白平衡"的设置上。

　　对于一些没有适当设置好白平衡而拍摄到的相片，可以直接通过Photoshop进行后期处理，让相片恢复在适当白平衡设置上拍摄的效果。

　　校正相片白平衡的操作步骤如下（练习文件：..\Example\Ch03\3.4.1.jpg）。

01 将练习文件打开到Photoshop，相片的初始效果如图3.50所示。

02 打开【图像】菜单，选择【调整】|【色彩平衡】命令（或者按下Ctrl+B组合键）。

03 打开【色彩平衡】对话框后，选择色调平衡为【中间调】，然后设置色彩平衡的各项参数，接着单击【确定】按钮，如图3.51所示。

图3.50 相片的初始效果

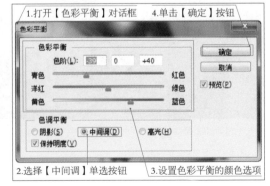

图3.51 应用色彩平衡

04 打开【图像】菜单，然后选择【调整】|【色相/饱和度】命令。

05 打开【色相/饱和度】对话框后，设置全图的饱和度参数，如图3.52所示。

06 此时切换【全图】为【黄色】，再设置黄色饱和度的参数，接着单击【确定】按钮，如图3.53所示。

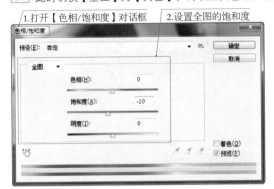

图3.52 设置全图的饱和度

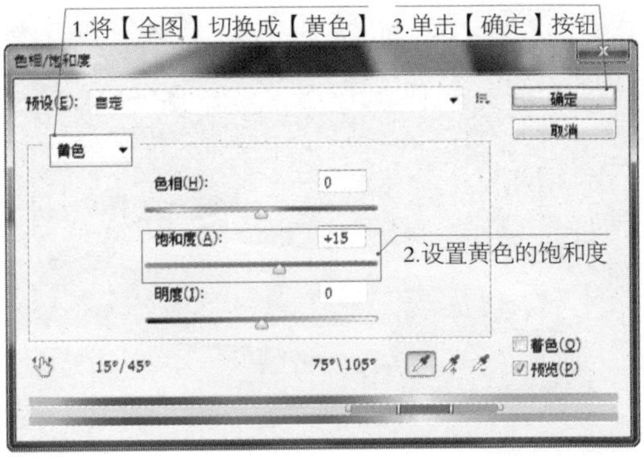

图3.53 设置黄色饱和度

07 此时选择【图像】|【调整】|【照片滤镜】命令，打开对话框后，选择【滤镜】单选按钮，然后从列表框中选择【冷却滤镜（82）】选项，再设置浓度为15%，最后单击【确定】按钮，如图3.54所示。相片校正白平衡后的结果如图3.55所示。

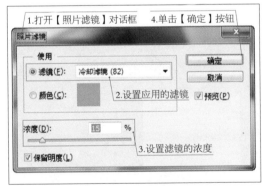

图3.54 应用照片滤镜

图3.55 校正白平衡的结果

3.4.2 改善相片光线效果

　　光线对照片的效果很重要，有时因环境的关系，光线有时并不适合最佳的拍摄。因此，相片光线不足的问题经常出现。对于有这种问题的相片，可以通过Photoshop进行调整处理，改善相片的光线效果。

　　改善相片光线效果的操作步骤如下（练习文件：..\Example\Ch03\3.4.2.jpg）。

01 打开练习文件，相片初始效果如图3.56所示。

02 打开【调整】面板，在面板上单击【亮度/对比度】图示█。

03 打开【属性】面板后，单击【自动】按钮，让Photoshop执行自动处理，如图3.57所示。

图3.56 相片的初始效果

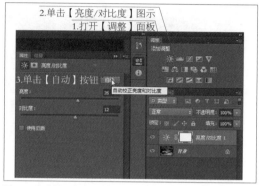

图3.57 自动校正亮度和对比度

04 执行自动处理后，通过文件窗口查看相片效果。如果自动处理的效果不佳，可以修改亮度和对比度的参数，如图3.58所示。

05 在【调整】面板上单击【曝光度】图示█，打开【属性】面板后，打开【预设】下拉列表框，然后选择【加1.0】选项，先使用预设调整相片曝光度，如图3.59所示。

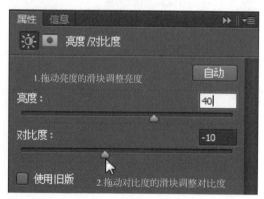

图3.58 自定义亮度和对比度

图3.59 应用预设曝光度

06 此时在文件窗口中查看相片效果，继续在【属性】面板中适当修改曝光度和灰度系数校正的参数，如图3.60所示。

07 打开【图层】面板，选择背景图层，在选择【图像】|【调整】|【阴影/高光】命令，打开对话框后，选择【显示更多选项】复选框，如图3.61所示。

图3.60 修改曝光度和灰度系数校正为1

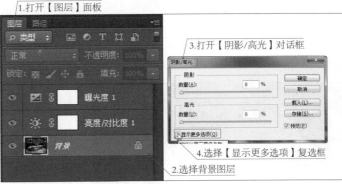

图3.61 应用【阴影/高光】调整

OS1 当【阴影/高光】对话框显示更多的选项后，根据各个选项设置参数，设置完成后单击【确定】按钮，如图3.62所示。完成上述处理后，相片的光线被改善，结果如图3.63所示。

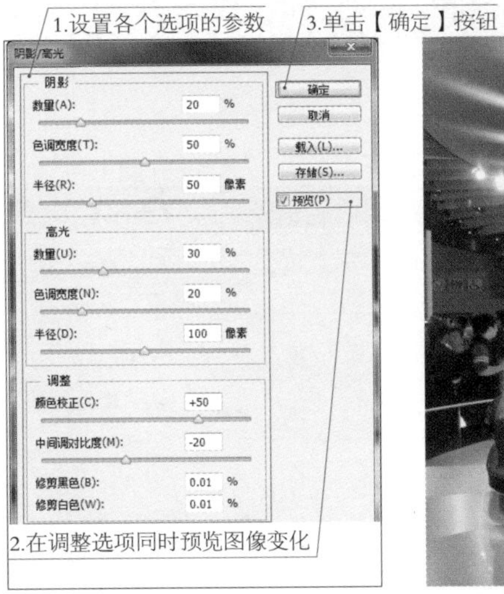

图3.62 设置【阴影/高光】选项

图3.63 改善相片光线的结果

注意 【阴影/高光】命令适用于校正由强逆光而形成剪影的相片，或者校正由于太接近相机闪光灯而有些发白的焦点。在用其他方式采光的图像中，这种调整也可用于使阴影区域变亮。

3.4.3 调整曝光过度的相片

相片除了曝光不足的问题外，曝光过度也是经常发生的问题。相片如果曝光过度会破坏景物的色彩，使相片色彩整体偏白而且刺眼，同时丢失很多拍摄对象的细节。同样，对付曝光过度的问题，使用Photoshop也可以解决。

调整曝光过度的相片的操作步骤如下（练习文件：..\Example\Ch03\3.4.3.jpg）。

01 将练习文件打开到Photoshop中，相片初始效果如图3.64所示。

02 打开【调整】面板，在面板上单击【亮度/对比度】图示 ，打开【属性】面板后，修改亮度和对比度的参数，如图3.65所示。

图3.64 相片的初始效果

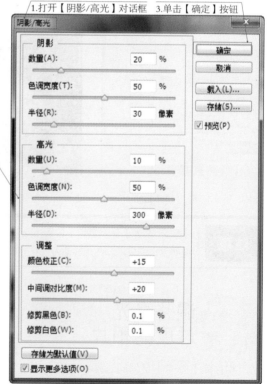

图3.65 调整亮度和对比度

03 在【调整】面板上单击【曝光度】图示 ，打开【属性】面板后，设置曝光度、位移和灰度系数校正的参数，如图3.66所示。

04 打开【图层】面板，选择背景图层，在选择【图像】|【调整】|【阴影/高光】命令，打开对话框后，选择【显示更多选项】复选框，再根据各个选项设置参数，设置完成后单击【确定】按钮，如图3.67所示。

图3.66 设置曝光度

图3.67 设置阴影和高光

05 选择【图像】|【调整】|【色阶】命令，打开【色阶】对话框后选择通道为RGB，接着设置输入和输出色阶的参数，最后单击【确定】按钮，如图3.68所示。

06 经过上述处理后，即可返回文件窗口，查看相片调整后的结果，如图3.69所示。

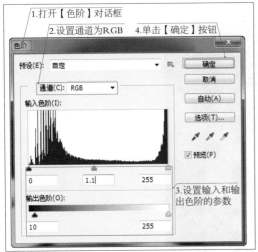

图3.68 应用色阶调整

图3.69 调整曝光过度后的结果

3.5 小结与思考

本章主要介绍了图像处理中的颜色与颜色调整的应用，其中包括颜色的介绍、图像的颜色模式、选择颜色的方法、使用【调整】面板和【调整】命令、使用工具调整图像局部颜色等内容。

思考与练习

（1）思考

① 用于显示的图像应该使用哪种颜色模式？用于打印的图像又应该使用哪种颜色模式？

② 当在【调整】面板中选择颜色调整工具时，Photoshop 会自动创建调整图层。这个调整图层对于图像调整来说，有什么作用？

提示：调整图层使用户可以在不必永久修改图像中的像素的情况下进行颜色和色调调整。

（2）练习

　　本章练习题要求使用调整功能，将原来偏色的相片校正为正常的颜色。相片校正前后对比的效果如图3.70所示（练习文件：..\Example\Ch03\3.5.jpg）。

校正前

校正后

图3.70 校正相片偏色前后的对比

图层的创建、管理和应用

Photoshop制作出的图像之所以内容丰富、色彩艳丽、主次鲜明，主要是通过图层将多个对象、素材等设计元素层叠来实现的。此外，我们还可以通过应用图层样式，为图层添加投影、浮雕、光泽、外发光、内阴影等效果，便捷地制作出丰富的图像效果。

Chapter

4

4.1 图层的基础知识

学习内容：图层的基础知识。

学习目的：了解图层和图层面板，掌握创建与删除图层和组、显示或
隐藏图层/组/样式的方法。

学习备注：创建图层方法是多种的，在不同时机可以使用不同方法。

在学习图层应用前，首先要掌握图层的基础知识。

4.1.1 关于图层

　　Photoshop的图层就如同堆叠在一起的透明纸，用户可以透过图层
的透明区域看到下面的图层，也可以移动图层来定位图层上的内容，
就像在堆栈中滑动透明纸一样。在应用图层过程中，用户更加可以更
改图层的不透明度以使内容部分透明。图4.1所示为图层的示意图。

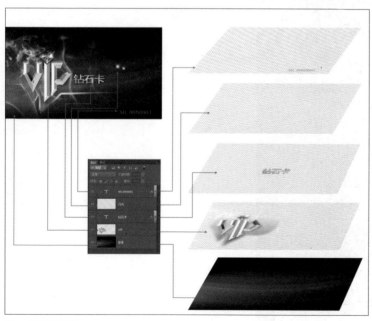

图4.1 图层示意图

图层的最大优点就是能将图像中的各个组成部分独立化，实现单一编辑、美化。例如将所有图像元素同时放置于同一张纸张上，当需要对某个场景进行修改时，必须使用橡皮擦将不满意的地方抹除，此方法不但麻烦，而且容易破坏到其他完好的部分，所以通常只能放弃整个作品重画。但如今利用图层，只需找到不协调的图层进行独立修改，或者索性删除，再创建一个新图层，重新进行局部绘制即可。

图像中的图层可随意移动、复制或粘贴，大大提高了绘制效率。同时，通过更改图层顺序与属性，可以改变图像的合成效果，使用调整图层、填充图层或图层样式美化图像也不会影响到其他未被选择的图层。图4.2所示为移动选定图层的内容。

1.打开【图层】面板

2.选择需要编辑内容所在的图层

4.其他图层的内容不会受影响　3.移动图层的内容

图4.2 移动选定图层的内容

4.1.2 【图层】面板

【图层】面板列出了图像中的所有图层、图层组和图层效果。用户可以通过【图层】面板来显示和隐藏图层、创建新图层以及处理图层组。

要打开【图层】面板，可以在面板组上单击【图层】按钮，也可以选择【窗口】|【图层】命令，或直接按下F7功能键即可，如图4.3所示。

图4.3 打开【图层】面板

1.使用【图层】面板菜单

　　【图层】面板上提供了多种功能按钮，除了可以使用这些功能组织图层外，还可以通过【图层】面板菜单组织图层，如图4.4所示。

2.更改图层缩览图的大小

　　【图层】面板提供图层缩览图主要用于显示图层的效果。Photoshop预设了四种缩览图大小，用户可以打开【图层】菜单，然后选择【面板选项】命令，通过【图层面板】选项设置缩览图的大小和其他选项，如图4.5所示。

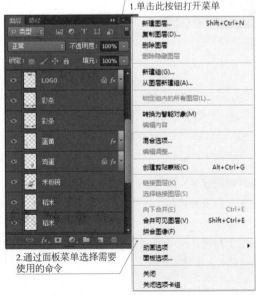

图4.4 使用【图层】面板菜单

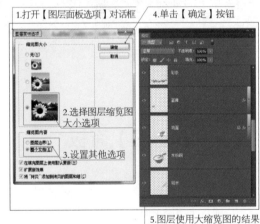

图4.5 设置图层缩览图

4.1.3 创建图层和组

在Photoshop中创建图层的方法非常多，可使用菜单命令、组合键、按钮等方法创建，甚至置入一个素材对象都可产生一个新图层。

1.创建新图层或组

下面提供常用的几种创建新图层或组的方法，具体操作如下。

01 使用默认选项创建新图层或组，可以单击【图层】面板的【创建新图层】按钮 或【新建组】按钮 。

02 选择【图层】|【新建】|【图层】命令（Shift+Ctrl+N）或选择【图层】|【新建】|【组】命令，如图4.6所示。

03 从【图层】面板菜单中选择【新建图层】命令或【新建组】命令。

04 按住Alt键并单击【图层】面板中的【创建新图层】按钮 或【新建组】按钮 ，以显示【新建图层】对话框并设置图层选项，如图4.7所示。

05 按住Ctrl键并单击【图层】面板中的【创建新图层】按钮 或【新建组】按钮 ，以在当前选中的图层下添加一个图层或添加一个图层组。

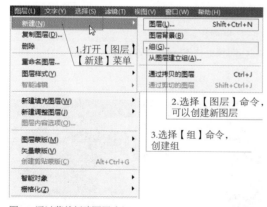

图4.6 通过菜单新建图层或组

图4.7 通过对话框新建图层

说明

图层选项的说明如下。

名称：指定图层或组的名称。

使用前一图层创建剪贴蒙版：此选项不可用于组。

颜色：为【图层】面板中的图层或组分配颜色。

模式：指定图层或组的混合模式。

不透明度：指定图层或组的不透明度级别。

填充模式中性色：使用预设的中性色填充图层。该选项针对混合模式而设，但并非所有混合模式都存在中性色。例如【溶解】模式没有中性色，【变亮】模式则可设中性色，如图4.8所示。

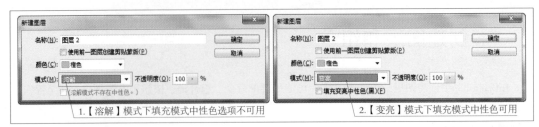

1.【溶解】模式下填充模式中性色选项不可用
2.【变亮】模式下填充模式中性色可用

图4.8 设置填充模式中性色

2.从现有文件创建图层

从现有文件创建图层其实就是一种置入文件的方法，对于置入的文件，Photoshop会自动为其创建图层。

从现有文件创建图层的操作步骤如下（练习文件：..\Example\Ch04\4.1.3.psd、置入.psd）。

图4.9 选择需要置入的文件

01 打开 "4.1.3.psd" 练习文件，然后打开练习文件所在目录，并选择 "置入.psd" 文件，如图4.9所示。

02 将需要置入的文件从练习文件目录中拖动到Photoshop中打开的图像上，如图4.10所示。

03 此时按照需要移动、缩放或旋转置入的图像，最后双击图像或按下Enter键确认置入图像的操作，如图4.11所示。

图4.10 将文件置入当前图像中

图4.11 确认置入图像

提示 置入的图像会出现在Photoshop图像中央的边框中，图像会保持其原始长宽比；但是，如果置入图像比Photoshop当前图像大，那么置入图像将被重新调整到合适的尺寸。

默认情况下，Photoshop会对置入的图像创建智能对象图层，如图4.12所示。如果要从置入的文件创建标准图层，可以打开【首选项】对话框并选择【常规】项目，然后取消选中【将栅格化图像作为智能对象置入或拖动】复选框，如图4.13所示。

1.置入图像后创建的智能对象图层

图4.12 置入图像的结果

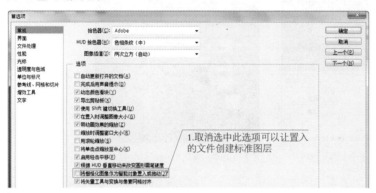

1.取消选中此选项可以让置入的文件创建标准图层

图4.13 设置首选项

3.使用其他图层中的效果创建图层

使用其他图层中的效果创建图层就如同创建图层的副本，这种做法可以让新建的图层包含现有图层的所有效果。

使用其他图层中的效果创建图层的操作如下。

01 在【图层】面板中选择现有图层。

02 将该图层拖动到【图层】面板底部的【创建新图层】按钮 上即可，如图4.14所示。

03 此时【图层】面板将新建一个副本图层。

2.新建包含效果的图层

图4.14 使用其他图层创建新图层

1.将现有图层拖到【创建新图层】按钮上

4.从图层建立组

从图层建立组就是在创建组的同时将选定的图层放置在组内。要从图层建立组，首先要选定一个或多个图层，然后选择【图层】|【新建】|【从图层建立组】命令，接着在【从图层新建组】对话框中设置选项，再单击【确定】按钮即可，如图4.15所示。从图层建立组的结果如图4.16所示。

2.打开【图层】|【新建】子菜单　　3.选择【从图层建立组】命令

图4.15 从图层建立组　4.设置组选项　5.单击【确定】按钮　　图4.16 从图层建立组的结果

5.删除图层或组

当不需要某个图层或某组图层时，可以将图层或组删除。删除图层或组的方法很简单，首先选择要删除的图层或组，然后按下Delete键即可。此外，还可以在选定图层或组的情况下，单击【图层】面板的【删除图层】按钮，或者直接将图层或组拖到【删除图层】按钮上，如图4.17所示。

图4.17 删除图层或组

4.1.4 显示或隐藏图层、组或样式

若上层的图层阻挡了下层图层的操作，或者要对底层的图层进行编辑时，可以将那些暂时不编辑的图层隐藏掉。当需要显示时，再解除隐藏。对于图层组和图层样式也是如此。

默认状态下，图层均处于可视状态，并且在【图层】面板左侧会出现一栏【眼睛】图标 👁。要显示或隐藏图层、组或样式，可以执行下列操作之一。

要查看图层样式和效果的【眼睛】图标，可以单击【在面板中显示图层效果】图标，如图4.18所示。

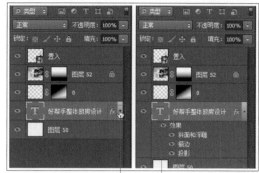

1.单击【在面板中显示图层效果】图标

2.显示图层效果的结果

图4.18 显示图层效果

单击图层、组或图层效果旁的【眼睛】图标 👁，即可在文件窗口中隐藏其内容。再次单击【眼睛】图标 👁，可以重新显示内容，如图4.19所示。

从【图层】菜单中选择【显示图层】命令或【隐藏图层】命令，即可显示或隐藏图层。

按住Alt键并单击一个【眼睛】图标 👁，以只显示该图标对应的图层或组的内容。

Photoshop将在隐藏所有图层之前记住它们的可见性状态。如果不想更改任何其他图层的可见性，在按住Alt键的同时单击同一【眼睛】图标 👁，即可恢复原始的可见性设置。

在【眼睛】列中拖动，可改变【图层】面板中多个图层的可见性，如图4.20所示。

2.原来图层未隐藏时显示的文本

1.单击【眼睛】图标，隐藏对应的图层

3.隐藏图层后，文本被隐藏了

4.图层左侧的【眼睛】图标没有了

图4.19 隐藏图层

<table>
<tr><td>**提示**</td><td>当文件中包含隐藏图层，那么在打印文件时，只打印可见图层的内容。隐藏图层的内容将不在打印内容之列。</td></tr>
</table>

1.在显示图层的状态下，按住鼠标在【眼睛】列拖动

图4.20 隐藏或显示所有图层

2.所有图层被隐藏

4.2 图层的管理和使用

学习内容： 管理和使用图层。

学习目的： 掌握选择图层、链接图层、搜索图层、锁定图层和栅格化图层的方法和技巧。

学习备注： 图层看似简单，但用一些技巧可让用户更有效使用图层。

创建图层后，可以根据设计的需求对图层进行各种管理和使用，例如移动图层内容、对其不同图层的对象、栅格化图层等。

4.2.1 选择图层

在编辑图像时，用户可以选择一个或多个图层以便在上面工作。但对于某些操作（如绘画以及调整颜色和色调），一次只能在一个图层上工作。对于其他操作（如移动、对齐、变换或应用样式等），则可以一次选择并处理多个图层。单个选定的图层称为现用图层，现用图层的名称将出现在文件窗口的标题栏中，如图4.21所示。

2.图层的名称出现在文件窗口的标题栏

1.选定的图层陈伟现用图层

图4.21 现用图层

在Photoshop中，选择图层有下面的两种方法。

1.在【图层】面板选择图层

在【图层】面板选择图层可以执行下列操作之一：

在【图层】面板中单击图层即可将其选中。

要选择多个连续的图层，可以先单击第一个图层，然后按住Shift键单击最后一个图层，如图4.22所示。

要选择多个不连续的图层，可以按住Ctrl键并在【图层】面板中单击这些图层，如图4.23所示。

图4.22 选择多个连续图层

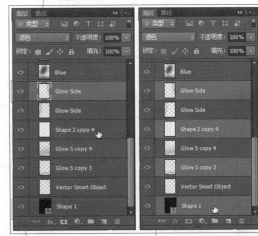

图4.23 选择多个不连续图层

注意　在进行选择图层时，用户可以按住Ctrl键并单击图层缩览图外部的区域。如果是按住Ctrl键并单击图层缩览图，则可选择图层的非透明区域。

要选择所有图层，可以打开【选择】菜单，然后选择【所有图层】命令，或者按下Alt+Ctrl+A组合键。

要取消选择某个图层，可以在按住Ctrl键的同时单击该图层。

要不选择任何图层，可以在【图层】面板中的背景图层或底部图层下方单击，或者选择【选择】|【取消选择图层】命令，如图4.24所示。

图4.24 选择所有图层或取消选择图层

2.在文件窗口中选择图层

在文件窗口中选择图层，首先要选择【移动工具】 ，然后执行下列的操作之一：

在选项栏中选择【自动选择】复选框，然后从下拉列表框中选择【图层】选项，接着在文件中单击要选择的图层即可。这种方法可以选择包含光标下的像素的顶部图层，简单来说，就是当光标单击到的像素是属于哪个图层，就选到该图层。例如图像上有文本图层，文本下方是背景图像，当使用【移动工具】 让光标单击文本时，光标单击到的像素是属于文本，因此就选择到文本所在图层，而不会选择到文本下方的背景图像所在的图层，如图4.25所示。

在选项栏中选择【自动选择】复选框，然后从下拉列表框中选择【组】，接着在文件中单击要选择的内容，即可选择包含光标下的像素的顶部组。如果单击到某个未编组的图层，它将变为选定状态。

在图像中右键单击，然后从关联菜单中选择图层。关联菜单列出了所有包含当前指针位置下的像素的图层，用户只需选择需要的图层选项即可，如图4.26所示。

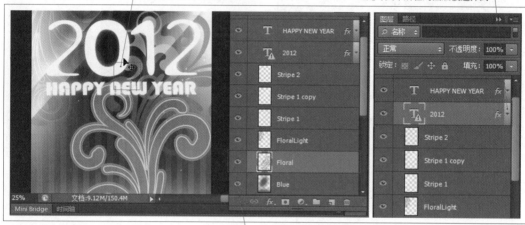

图4.25 使用移动工具选择图层

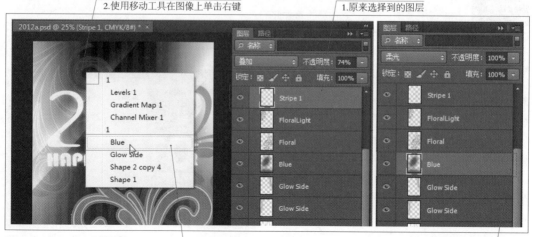

图4.26 通过右键菜单选择图层

4.2.2 链接图层

如果要对多个图层同时进行移动、缩放、旋转等操作时，可以先将其选择再链接起来。只有选择两个以上的图层时，链接功能才可用。当不需要同时对多个图层进行编辑时，即可取消图层的链接。

链接图层与取消图层链接的操作方法如下（练习文件：..\Example\Ch04\4.2.2.psd）：

01 打开练习文件，在【图层】面板中选择需要链接的多个图层。

02 选择图层后，单击【图层】面板底部的【链接图层】按钮 🔗，如图4.27所示。

03 链接的图层可以同时进行某些处理，例如当移动其中一个图层时，另一个链接的图层会一起移动，如图4.28所示。

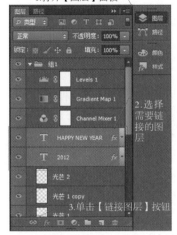

图4.27 链接选定的图层　　图4.28 移动链接的图层　　5.英文文本图层与数字文本图层设置了链接

04 如果要取消图层链接，可以执行以下操作之一：

选择一个链接的图层，然后单击【链接图层】按钮 🔗。

要临时停用链接的图层，可以按住Shift键并单击链接图层的链接图标。此时图标上将出现一个红色 X，如图4.29所示。按住Shift键再次单击链接图标可再次启用链接。

选择链接的图层，然后选择【图层】|【取消图层链接】命令，如图4.30所示。

> **注意** │ 如果要选择所有链接图层，可以选择其中一个图层，然后选择【图层】|【选择链接图层】
> │ 命令。

1.按住Shift键并单击
链接图层的链接图标

图4.29 暂时停用图层的链接

2.打开
【图层】
菜单

1.选择链接的图层

3.选择【取消图层链接】命令

图4.30 取消图层链接

4.2.3 搜索图层

搜索图层是Photoshop CS6新增的功能，该功能可以让用户根据类型、名称、效果、属性等内容搜索当前文件的图层。搜索图层的功能其实是应用了图层滤镜过滤的技术，用户可以选择一种搜索类型，然后通过该类型提供的过滤功能来对图层进行过滤处理，从而达到寻找图层的目的。

例如在【图层】面板上打开【选择滤镜类型】下拉列表框，然后选择【类型】滤镜类型，接着在【选择滤镜类型】项目右侧选择相关的滤镜类型，即可对图层进行过滤，如按下【文字图层滤镜】按钮，【图层】面板上就只显示文本图层，如图4.31所示。

如果需要通过颜色来搜索图层时，则可以设置搜索类型为【颜色】，然后在【颜色选项】下拉列表框中选择一种颜色，【图层】面板即可显示该种颜色的图层，如图4.32所示。

1.选择滤镜类型选项　2.单击【文字图层滤镜】按钮　3.图层过滤开关显示为红色，表示已经开启图层过滤功能

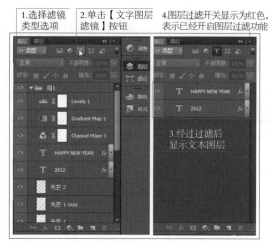

图4.31 通过滤镜搜索图层

1.选择颜色搜索选项　3.设置搜索图层颜色为【红色】

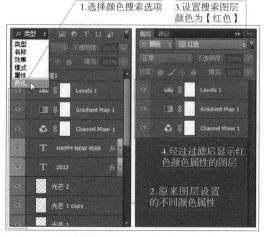

图4.32 通过颜色搜索图层

如果想要更准确地搜索图层，则可以使用图层名称来搜索图层。将搜索选项设置为【名称】，然后在【名称】文本框中输入图层名称即可搜索出相符名称的图层，如图4.33所示。

提示 如果要关闭图层过滤功能，只需在【图层】面板中单击【打开或关闭图层过滤】开关按钮即可，如图3.34所示。

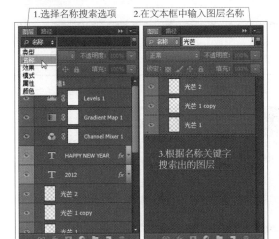

图4.33 通过颜色搜索图层

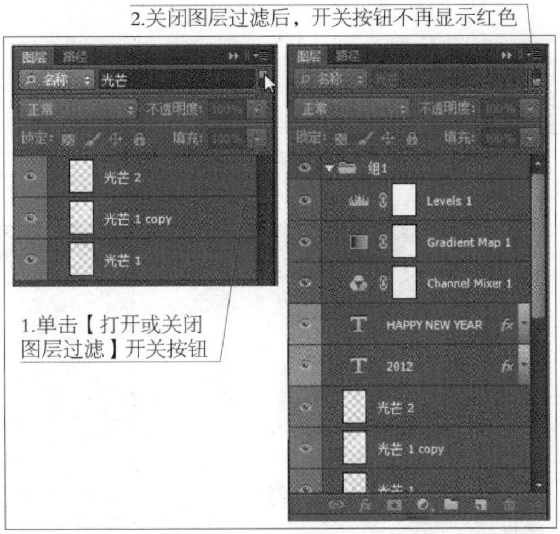

图4.34 关闭图层过滤功能

4.2.4 锁定图层

在Photoshop中，用户可以完全或部分锁定图层以保护其内容。

例如，用户可能希望在完成某个图层时完全锁定它，以便在进行其他编辑时，不会影响到该图层。又例如，如果图层具有正确的透明度和样式，但仍然为决定图层的位置时，用户就可以部分锁定图层，以保护图层的透明度和样式等设置，而只允许移动图层位置。

1.锁定图层或组的全部属性

锁定图层或组全部属性的操作很简单，选择图层或组，然后在【图层】面板中单击【锁定全部】按钮 即可，如图4.35所示。

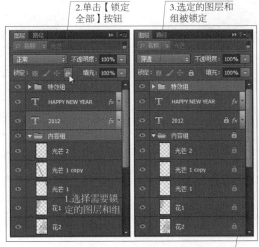

图4.35 锁定图层和组

2.部分锁定图层

要部分锁定图层，首先选择图层，然后在【锁定】项目栏单击一个或多个锁定按钮，如图4.36所示。

锁定透明像素▨：将编辑范围限制为只针对图层的不透明部分。

锁定图像像素✔：防止使用绘画工具修改图层的内容。

锁定位置✛：防止图层的内容被移动。

提示 对于文字和形状图层，【锁定透明度】和【锁定图像】选项在默认情况下处于选中状态，而且不能取消选择。另外，部分锁定不可用于组。

2.单击一个或多个锁定按钮

图4.36 部分锁定图层

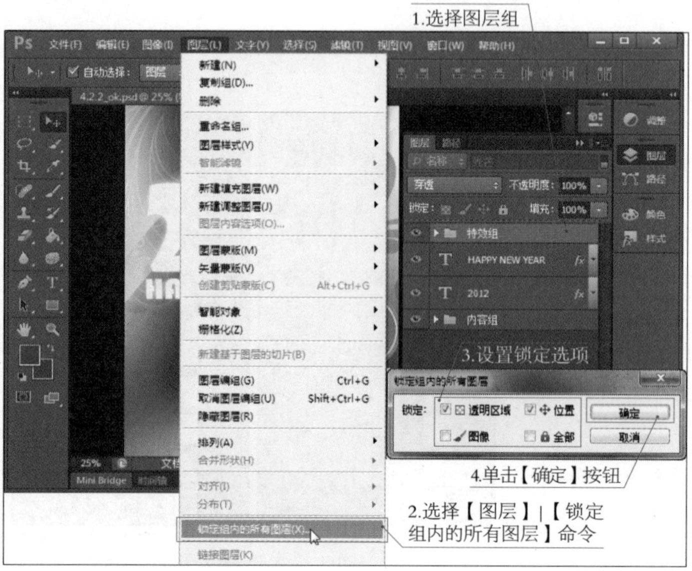

1.选择图层

3. 当图层被部分锁定时，锁图标是空心的

1.选择图层组

3.设置锁定选项

4.单击【确定】按钮

2.选择【图层】|【锁定组内的所有图层】命令

图4.37 锁定组内的所有图层

3.将锁定选项应用于选定图层或组

将锁定选项应用于选定图层或组的操作方法如下：首先选择多个图层或一个组，然后从【图层】菜单或【图层】面板菜单中选择【锁定图层】或【锁定组内的所有图层】命令，接着选择锁定选项，并单击【确定】按钮即可，如图4.37所示。

4.2.5 栅格化图层

在包含矢量数据（如文字图层、形状图层、矢量蒙版或智能对象）和生成的数据（如填充图层）的图层上，用户是不能使用绘画工具或滤镜的。但是，用户可以栅格化这些图层，将其内容转换为平面的图像，然后再使用绘图工具或滤镜即可。

要栅格化图层，首先选择要栅格化的图层，选择【图层】｜【栅格化】命令，然后从子菜单中选择下列一个选项即可，如图4.38所示。

文字：栅格化文字图层上的文字。该操作不会栅格化图层上的任何其他矢量数据。

形状：栅格化形状图层。

填充内容：栅格化形状图层的填充，同时保留矢量蒙版。

矢量蒙版：栅格化图层中的矢量蒙版，同时将其转换为图层蒙版。

智能对象：将智能对象转换为栅格图层。

图层样式：将应用样式的图层转换为栅格图层。

图层：栅格化选定图层上的所有矢量数据。

所有图层：栅格化包含矢量数据和生成的数据的所有图层。

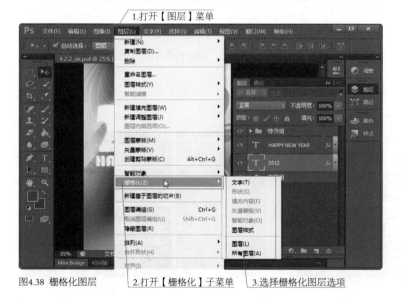

图4.38 栅格化图层

4.3 图层混合、效果和样式

学习内容: 图层混合模式、图层效果和样式的应用。

学习目的: 掌握指定不透明度和混合模式、应用预设图层样式、自定义图层样式、将自定样式创建成预设样式的方法。

学习备注: 图层混合模式、效果和样式都是制作图像特效的好帮手。

图层除了用于单独放置内容外,还可以通过对图层设置不透明度、添加混合模式、设置效果和样式等方法,制作图层内容的特殊效果。

指定不透明度和 混合模式

4.3.1

1.指定图层不透明度

图层的不透明度包括整体不透明度和填充不透明度。

图层的整体不透明度用于确定它遮蔽或显示其下方图层的程度。不透明度为0%的图层是完全透明的,而不透明度为100%的图层则显得完全不透明。图4.39所示为整体不透明度为50%的效果。

除了设置整体不透明度以外,用户还可以指定填充不透明度。填充不透明度仅影响图层中的像素、形状或文本,而不影响图层效果(例如投影)的不透明度。图4.40所示设置图层填充不透明度为50%的效果。

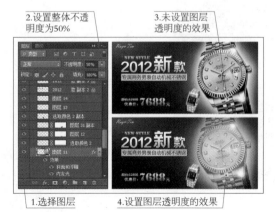

图4.39 设置图层整体不透明度

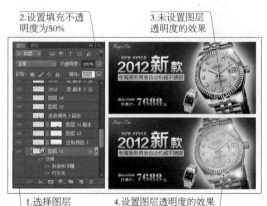

图4.40 设置图层填充不透明度

2.指定图层混合模式

图层的混合模式确定了图层内容的像素如何与图像中的下层像素进行混合。使用混合模式可以创建各种特殊效果。

默认情况下，图层的混合模式是"穿透"，这表示组没有自己的混合属性。当为图层指定混合模式时，可以有效地更改图像各个组成部分的合成顺序。

例如，当为图层设置混合模式为【正片叠底】时，程序会查看图像每个通道中的颜色信息，并将基色与混合色进行正片叠底，如图4.41所示。

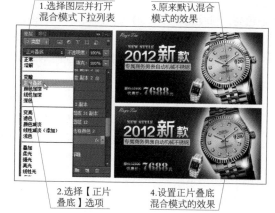

1.选择图层并打开混合模式下拉列表
3.原来默认混合模式的效果
2.选择【正片叠底】选项
4.设置正片叠底混合模式的效果

图4.41 设置正片叠底混合模式

图层混合模式选项的说明如下：

正常：编辑或绘制每个像素，使其成为结果色。这是默认模式。

溶解：编辑或绘制每个像素，使其成为结果色。但是，根据任何像素位置的不透明度，结果色由基色或混合色的像素随机替换。

变暗：查看每个通道中的颜色信息，并选择基色或混合色中较暗的颜色作为结果色。将替换比混合色亮的像素，而比混合色暗的像素保持不变。

正片叠底：查看每个通道中的颜色信息，并将基色与混合色进行正片叠底。结果色总是较暗的颜色。任何颜色与黑色正片叠底产生黑色。任何颜色与白色正片叠底保持不变。

颜色加深：查看每个通道中的颜色信息，并通过增加二者之间的对比度使基色变暗以反映出混合色。与白色混合后不产生变化。

线性加深：查看每个通道中的颜色信息，并通过减小亮度使基色变暗以反映混合色。与白色混合后不产生变化。

变亮：查看每个通道中的颜色信息，并选择基色或混合色中较亮的颜色作为结果色。比混合色暗的像素被替换，比混合色亮的像素保持不变。

滤色：查看每个通道的颜色信息，并将混合色的互补色与基色进行正片叠底。结果色总是较亮的颜色。用黑色过滤时颜色保持不变。用白色过滤将产生白色。

颜色减淡：查看每个通道中的颜色信息，并通过减小二者之间的对比度使基色变亮以反映出混合色。与黑色混合则不发生变化。

线性减淡（添加）：查看每个通道中的颜色信息，并通过增加亮度使基色变亮以反映混合色。与黑色混合则不发生变化。

叠加：对颜色进行正片叠底或过滤，具体取决于基色。图案或颜色在现有像素上叠加，同时保留基色的明暗对比。

柔光：使颜色变暗或变亮，具体取决于混合色。此效果与发散的聚光灯照在图像上相似。

强光：对颜色进行正片叠底或过滤，具体取决于混合色。此效果与耀眼的聚光灯照在图像上相似。

亮光：通过增加或减小对比度来加深或减淡颜色，具体取决于混合色。如果混合色（光源）比50%灰色亮，则通过减小对比度使图像变亮。如果混合色比50%灰色暗，则通过增加对比度使图像变暗。

线性光：通过减小或增加亮度来加深或减淡颜色，具体取决于混合色。如果混合色（光源）比50%灰色亮，则通过增加亮度使图像变亮。如果混合色比50%灰色暗，则通过减小亮度使图像变暗。

点光：根据混合色替换颜色。

实色混合：将混合颜色的红色、绿色和蓝色通道值添加到基色的RGB值。

差值：查看每个通道中的颜色信息，并从基色中减去混合色，或从混合色中减去基色，具体取决于哪一个颜色的亮度值更大。与白色混合将反转基色值；与黑色混合则不产生变化。

排除：创建一种与"差值"模式相似但对比度更低的效果。与白色混合将反转基色值。与黑色混合则不发生变化。

减去：查看每个通道中的颜色信息，并从基色中减去混合色。在8位和16位图像中，任何生成的负片值都会剪切为零。

划分：查看每个通道中的颜色信息，并从基色中分割混合色。

色相：用基色的明亮度和饱和度以及混合色的色相创建结果色。

饱和度：用基色的明亮度和色相以及混合色的饱和度创建结果色。

颜色：用基色的明亮度以及混合色的色相和饱和度创建结果色。这样可以保留图像中的灰阶，并且对于给单色图像上色和给彩色图像着色都会非常有用。

明度：用基色的色相和饱和度以及混合色的明亮度创建结果色。此模式创建与【颜色】模式相反的效果。

4.3.2 指定混合图层的颜色范围

除了通过【图层】面板设置图层的混合模式外，用户还可以选择【图层】|【图层样式】|【混合选项】命令，然后从对话框的【混合模式】下拉列表框中选择混合模式选项即可，如图4.42所示。

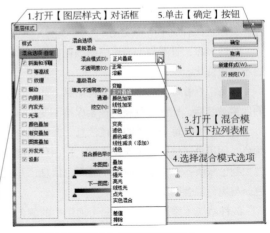

图4.42 通过【图层样式】对话框设置图层混合

在【混合选项】栏中，用户除了选择混合模式外，还可以通过【混合颜色带】栏目定义部分混合像素的范围，使之在混合区域和非混合区域之间产生一种平滑的过渡效果。

指定混合图层色调范围的操作步骤如下（练习文件：..\Example\Ch04\4.3.2.psd）。

01 打开练习文件，选择如图4.43所示的图层，然后设置图层的混合模式。

02 此时选择【图层】|【图层样式】|【混合选项】命令。

03 打开【图层样式】对话框后，在【混合选项】框的【常规混合】栏和【高级混合】栏设置不透明度为100%，如图4.44所示。

图4.43 设置图层的混合模式　2选择要设置混合模式的图层

图4.44 设置混合模式的不透明度

04 在【混合颜色带】中执行下列操作之一：

选择【灰色】选项，以指定所有通道的混合范围。

选择单个颜色通道（如RGB图像中的红色、绿色或蓝色）以指定该通道内的混合。本例选择【绿】选项。

05 接着使用【本图层】和【下一图层】选项的滑块来设置混合像素的亮度范围。度量范围从0（黑）到255（白）。用户可以拖动白色滑块设置范围的高值，拖动黑色滑块设置范围的低值。本例设置如图4.45所示。设置混合颜色范围的效果如图4.46所示。

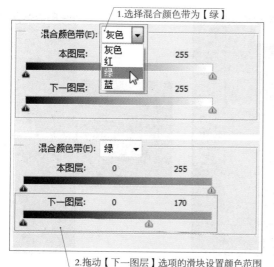

2.拖动【下一图层】选项的滑块设置颜色范围

图4.45 设置混合颜色范围

2.更改混合颜色范围的效果

图4.46 设置混合颜色范围的效果

说明	指定混合颜色范围时，应记住下列原则： 使用【本图层】滑块指定现用图层上将要混合并因此出现在最终图像中的像素范围。例如，如果将白色滑块拖动到220，则亮度值大于220的像素将保持不混合，并且排除在最终图像之外。 使用【下一图层】滑块指定将在最终图像中混合的下面的可见图层的像素范围。混合的像素与现用图层中的像素组合产生复合像素，而未混合的像素透过现用图层的上层区域显示出来。例如，如果将黑色滑块拖动到20，则亮度值低于20的像素保持不混合，并将透过最终图像中的现用图层显示出来。

4.3.3 应用预设的样式

Photoshop提供了各种效果（如阴影、发光、斜面、浮雕等）来更改图层内容的外观。图层效果与图层内容链接，当移动或编辑图层的内容时，修改的内容中会应用相同的效果。

图层样式是应用于一个图层或图层组的一种或多种效果。用户可以应用Photoshop附带提供的某一种预设样式，或者使用【图层样式】对话框来创建自定样式。

当图层添加了样式，那么图层效果的图标 fx 将出现在【图层】面板中的图层名称的右侧。用户可以在【图层】面板中展开样式，以便查看或编辑合成样式的效果，如图4.47所示。

1.打开【样式】面板

在Photoshop中，用户可以从【样式】面板中应用预设样式。要打开【样式】面板，可以选择【窗口】|【样式】命令，或者单击面板组的【样式】按钮，如图4.48所示。

图4.47 查看图层样式

2.单击可以展开和显示图层效果

图4.48 打开【样式】面板

2.对图层应用预设样式

Photoshop预设的图层样式按功能分在不同的库中。例如一个库包含用于创建Web的样式；另一个库则包含向文本添加效果的样式。要访问这些样式，需要载入适当的库，如图4.49所示。

对图层应用预设样式的操作步骤如下（练习文件：..\Example\Ch04\4.3.3.psd）。

01 打开练习文件，再打开【图层】面板，选择【爆炒大头菜】图层。

02 打开【样式】面板，再打开【样式】面板菜单，选择【文字效果】命令，载入文字效果样式库，如图4.50所示。

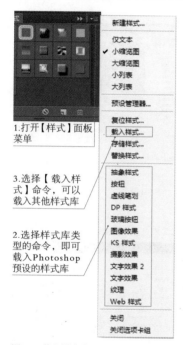

图4.49 载入样式库

图4.50 以追加方式载入文字效果样式

03 载入样式后，执行下列操作之一：

在【样式】面板中单击一种样式以将其应用于当前选定的图层，如图4.51所示。

将样式从【样式】面板拖动到【图层】面板中的图层上，如图4.52所示。

将样式从【样式】面板拖动到文件窗口，当鼠标指针位于希望应用该样式的图层内容上时，松开鼠标按钮。

技巧 在单击或拖动的同时按住Shift键可将样式添加到（而不是替换）目标图层上的任何现有效果。

2.图层应用样式的结果

1.在【样式】面板中
单击样式的图标

图4.51 为图层应用样式

1.选择需要应用的样式，并将此样式拖到图层上

图4.52 通过拖动的方式应用样式

2.图层应用样式后的
结果

选择【图层】|【图层样式】|【混合选项】命令，然后选择【图层样式】对话框中的【样式】项目（对话框左侧列表中最上面的项目），接着单击要应用的样式，然后单击【确定】按钮，如图4.53所示。

1.打开【图层样式】对话框

2.选择【样式】项目

3.选择一种样式

4.单击【确定】按钮

5.图层应用样式后的结果

图4.53 通过【图层样式】对话框应用样式

4.3.4 自定义图层的样式

除了应用Photoshop预设的样式外，还可以通过【图层样式】对话框自定义图层的样式。

通过【图层样式】对话框，可以使用以下一种或多种效果创建自定样式，如图4.54所示。

投影：在图层内容的后面添加阴影。

内阴影：紧靠在图层内容的边缘内添加阴影，使图层具有凹陷外观。

外发光和内发光：添加从图层内容的外边缘或内边缘发光的效果。

斜面和浮雕：对图层添加高光与阴影的各种组合。

光泽：应用创建光滑光泽的内部阴影。

颜色、渐变和图案叠加：用颜色、渐变或图案填充图层内容。

描边：使用颜色、渐变或图案在当前图层上描画对象的轮廓。

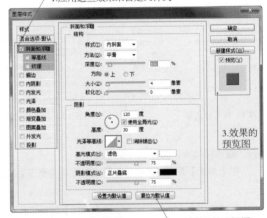

1.应用这些效果来自定义样式

3.效果的预览图

图4.54 【图层样式】对话框

2.效果的选项设置

提示 单击效果的复选框可应用当前效果的设置，而不显示效果的选项。只要单击效果名称，才可显示效果选项。

自定义图层的样式的操作步骤如下（练习文件：..\Example\
Ch04\4.3.4.psd）。

[01] 打开练习文件，再打开【图层】面板，然后选择【好惠食】文本图层，
如图4.55所示。

图4.55 选择图层

[02] 此时可以执行下列操作之一：

双击【好惠食】图层（在图层名称或缩览图的外部），打开【图层样
式】面板后选择【投影】复选框。

单击【图层】面板底部的【添加图层样式】按钮，并从列表中选择【投
影】效果，如图4.56所示。

[03] 打开【图层样式】对话框后，在对话框上的【投影】|【结构】选项框
中设置混合模式和其他选项，如图4.57所示。

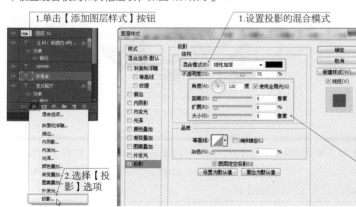

图4.56 添加【投影】
图层样式

图4.57 设置投影结构选项

注意 不能将图层样式应用于背景图层、锁定的图层或组。要将图层样式应用于背景图层，必须先将该图层转换为常规图层。

04 在【品质】选项框中打开【等高线】选项列表，然后选择一种等高线类型，如图4.58所示。

05 在【图层样式】对话框中选择【斜面和浮雕】复选框，再单击【斜面和浮雕】选项名称，以显示选项设置，接着设置如图4.59所示的选项。

图4.58 设置等高线

1.打开【等高线】选项列表
2.选择【锯齿1】等高线类型

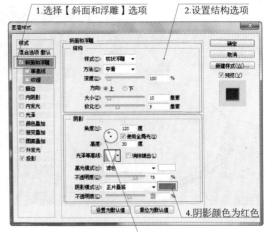

1.选择【斜面和浮雕】选项
2.设置结构选项
3.设置阴影选项
4.阴影颜色为红色

图4.59 应用斜面和浮雕样式

06 选择【描边】复选框，再单击【描边】选项名称，接着设置如图4.60所示的选项，最后单击【确定】按钮。应用图层样式的结果如图4.61所示。

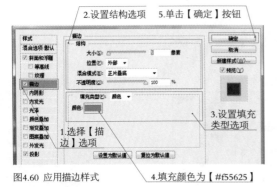

2.设置结构选项
5.单击【确定】按钮
1.选择【描边】选项
3.设置填充类型选项
4.填充颜色为【#f55625】

图4.60 应用描边样式

图4.61 文本应用图层样式的结果

提示 在【图层样式】对话框中，根据需要自定样式后，可以单击【设置为默认值】按钮，将样式默认值更改为自定值。如此，在下次打开对话框时，系统会自动应用自定的默认值。如果希望恢复原来的默认值，可以单击【复位为默认值】按钮。

4.3.5 将自定样式创建成预设样式

当用户自定义样式后，可以将自定的样式存储为预设样式，然后需要使用时，即可通过【样式】面板使用此预设。

将自定样式创建成预设样式的操作方法如下。

01 从【图层】面板中，选择包含要存储为预设的样式的图层。

02 执行下列操作之一：

单击【样式】面板的空白区域。

单击【样式】面板底部的【创建新样式】按钮 。

从【样式】面板菜单中选择【新建样式】命令。

选择【图层】|【图层样式】|【混合选项】命令，并在【图层样式】对话框中单击【新建样式】，如图4.62所示。

03 打开【新建样式】对话框后，输入预设样式的名称，再设置样式选项，最后单击【确定】按钮即可，如图4.63所示。

> **提示** 如果需要移除图层样式，可以选择包含样式的图层，然后将效果项拖到【图层】面板的【删除】按钮上，或者选择【图层】|【图层样式】|【清除图层样式】命令。

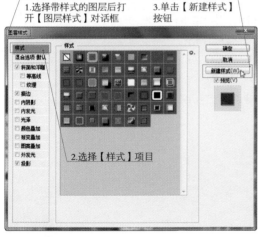

图4.62 新建样式

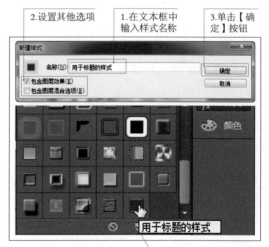

图4.63 设置样式名称和选项

4.4 图层的其他应用

学习内容： 使用调整图层、填充图层、图层复合和图层蒙版。

学习目的： 掌握创建与应用调整图层和填充图层、使用图层复合存储多个图层版本、使用图层蒙版显示或隐藏图层等方法。

学习备注： 掌握更多的图层应用技巧，可以帮助更好地处理图像。

本节将介绍一些常见的图层应用，包括创建调整图层和填充图层、图层复合、应用图层蒙版等内容。

 应用调整图层

调整图层可将颜色和色调调整应用于图像，而不会永久更改图像的像素值。例如，用户可以创建"色阶"或"曲线"调整图层，而不是直接在图像上调整"色阶"或"曲线"。设置的颜色和色调调整存储在调整图层中并应用于该图层下面的所有图层。这样，用户就可以通过一次调整来校正多个图层，而不用单独地对每个图层进行调整。

创建调整图层的操作步骤如下（练习文件：..\Example\Ch04\4.4.1.psd）。

01 打开练习文件，如图4.64所示。可以看出，图像上的建筑物颜色明显偏蓝，而且对比度偏底。

图4.64 图像初始的效果

02 打开【图层】面板并选择建筑物所在的图层，然后单击【创建新的填充或调整图层】按钮 ◙ ，打开菜单后选择【色彩平衡】命令，如图4.65所示。

03 此时程序打开【属性】面板，在面板中选择色调为【中间调】，在分别设置色调的参数，如图4.66所示。

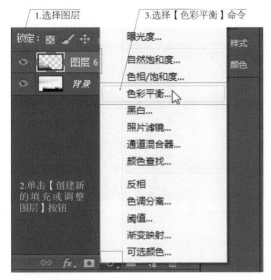

图4.65 创建调整图层

图4.66 设置色彩平衡

04 再次单击【创建新的填充或调整图层】按钮 ◙ ，打开菜单后选择【亮度/对比度】命令，接着通过【属性】面板设置亮度和对比度，如图4.67所示。利用调整图层改善图像的结果如图4.68所示。

图4.67 创建【亮度/对比度】调整图层

图4.68 利用调整图层处理图像的结果

4.4.2 应用填充图层

填充图层使用户可以用纯色、渐变或图案填充图层。与调整图层不同，填充图层不影响它们下面的图层。

创建填充图层的操作步骤如下（练习文件：..\Example\Ch04\4.4.2.psd）。

01 打开练习文件，如图4.69所示。这是一幅风景图像，下面将通过填充图层将图像变成黄昏时的景象。

02 打开【图层】面板，然后单击【创建新的填充或调整图层】按钮，打开菜单后选择【渐变】命令，如图4.70所示。

图4.69 图像的初始效果

图4.70 创建渐变填充图层

03 打开【渐变填充】对话框后，打开【渐变】列表框，选择一种渐变类型，然后单击【编辑渐变】按钮，并在【渐变编辑器】上选择渐变左端的颜色色标，接着单击【颜色】选项右侧的色块，再通过拾色器选择色标的颜色，如图4.71所示。

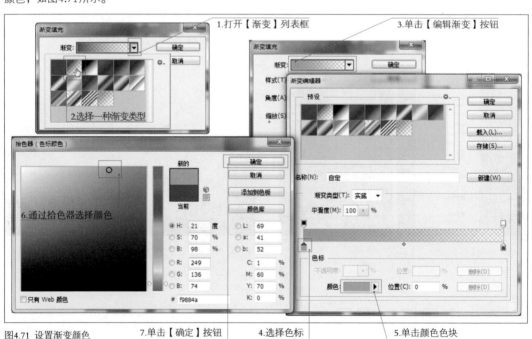

图4.71 设置渐变颜色

04 返回【渐变填充】对话框，然后设置角度为−90°、缩放为150%，接着单击【确定】按钮，如图4.72所示。

05 打开【图层】面板，然后选择刚创建的渐变填充图层，再设置图层的填充不透明度为90%、混合模式为【色相】，如图4.73所示。

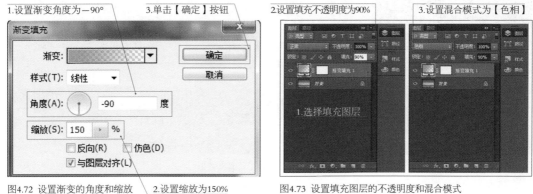

图4.72 设置渐变的角度和缩放　　2.设置缩放为150%

图4.73 设置填充图层的不透明度和混合模式

06 再次单击【创建新的填充或调整图层】按钮 ，打开菜单后选择【纯色】命令，接着通过【拾色器（纯色）】对话框选择一种颜色，如图4.74所示。

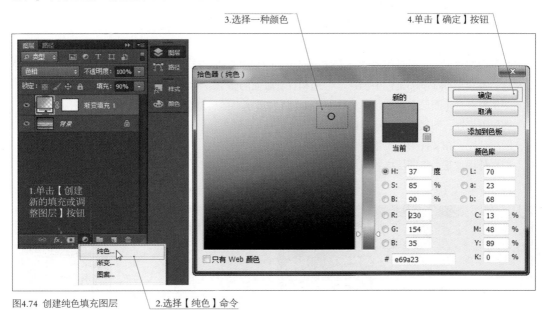

图4.74 创建纯色填充图层　　2.选择【纯色】命令

07 通过【图层】面板选择纯色的填充图层，然后设置混合模式为【颜色减淡】，再设置图层的填充不透明度为40%，如图4.75所示。使用填充图层制作图像的结果如图4.76所示。

图4.75 设置填充图层的不透明度和混合模式

图4.76 通过填充图层制作图像的效果

4.4.3 应用图层复合

为了向客户展示，设计师通常会创建页面版式的多个合成图稿。在Photoshop中，用户可以使用图层复合，在单个Photoshop文件中创建、管理和查看版面的多个版本。

图层复合是【图层】面板状态的快照，如图4.77所示。图层复合记录以下3种类型的图层选项：

图层可见性：图层是显示还是隐藏。

图层位置：在文件中的位置。

图层外观：是否将图层样式应用于图层和图层的混合模式。

图4.77 图层复合

创建和应用图层复合的操作步骤如下（练习文件：..\Example\Ch04\4.4.3.psd）。

`01` 打开练习文件，再打开【图层】面板查看图层编辑结果，接着选择【窗口】|【图层复合】命令打开【图层复合】面板，再单击【创建新的图层复合】按钮，如图4.78所示。

`02` 打开【新建图层复合】对话框后，设置图层复合的名称，再选择应用于图层的选项，接着单击【确定】按钮，如图4.79所示。

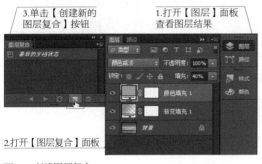

图4.78 创建图层复合

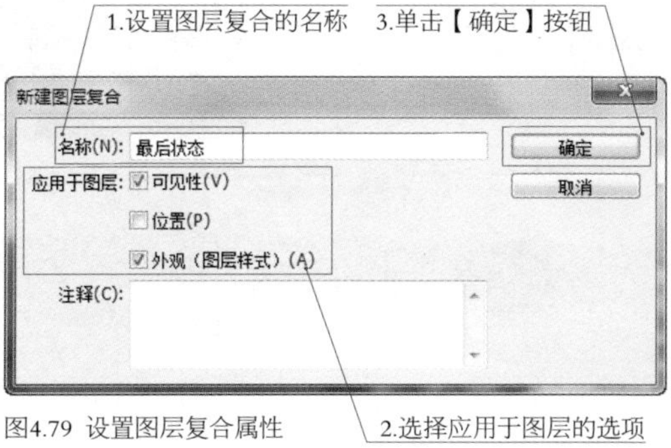

图4.79 设置图层复合属性

`03` 此时通过【图层】面板将渐变填充图层隐藏，然后在【图层复合】面板上单击【创建新的图层复合】按钮，接着设置图层复合名称和选项，并单击【确定】按钮，如图4.80所示。

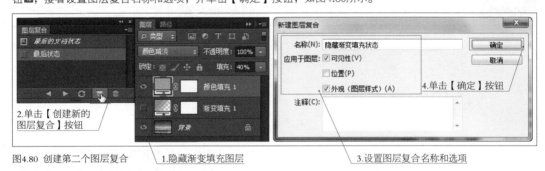

图4.80 创建第二个图层复合

`04` 再次通过【图层】面板将颜色填充图层隐藏，以回复图像原始状态，然后在【图层复合】面板上单击【创建新的图层复合】按钮，设置图层复合名称和选项，并单击【确定】按钮，如图4.81所示。

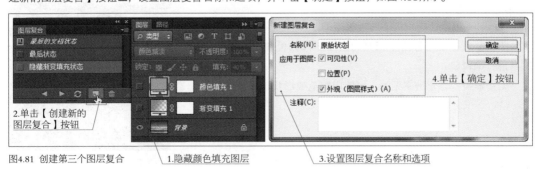

图4.81 创建第三个图层复合

05 当需要显示图层复合时，需要先应用图层复合。在【图层复合】面板上选择图层复合并在名称左侧的方框上单击，即可应用图层复合。此时图像会显示当前应用的图层复合的效果，如图4.82所示。

1.单击第二个图层复合名称左侧的方框应用图层复合　　　3.单击第一个图层复合名称左侧的方框应用图层复合

图4.82 应用图层复合

2.文件窗口显示应用第二个
图层复合的图像效果

4.文件窗口显示应用第一个
图层复合的图像效果

提示　如果想要删除图层复合，可以在【图层复合】面板中选择图层复合，然后单击面板中的【删除】按钮，或从【图层复合】面板菜单中选择【删除图层复合】命令。

4.4.4 应用图层蒙版

在Photoshop中，用户可以向图层添加蒙版，然后使用此蒙版隐藏部分图层并显示下面的图层。蒙版图层是一项重要的复合技术，可用于将多张照片组合成单个图像，也可用于局部的颜色和色调校正。

Photoshop可以让用户创建两种类型的蒙版，如图4.83所示。

图层蒙版：是与分辨率相关的位图图像，可使用绘画或选择工具进行编辑。

矢量蒙版：与分辨率无关，可使用钢笔或形状工具创建。

1.图层蒙版缩览图

2.矢量蒙版缩览图

3.蒙版的链接图示

图4.83 蒙版图层

1.添加显示或隐藏整个图层的蒙版

添加显示或隐藏整个图层的蒙版的操作方法如下。

`01` 确保未选定图像的任何部分。如果选定了，可以选择【选择】|【取消选择】命令。

`02` 在【图层】面板中，选择图层或组，然后执行下列操作之一：

要创建显示整个图层的蒙版，可以在在【图层】面板中单击【添加图层蒙版】按钮。

要创建显示整个图层的蒙版，选择【图层】|【图层蒙版】|【显示全部】命令，如图4.84所示。

要创建隐藏整个图层的蒙版，可以按住Alt键并单击【图层】面板的【添加图层蒙版】按钮，如图4.85所示，或选择【图层】|【图层蒙版】|【隐藏全部】命令。

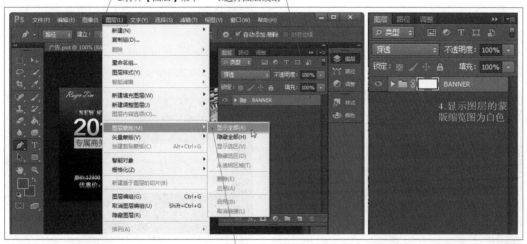

图4.84 创建显示整个图层的蒙版

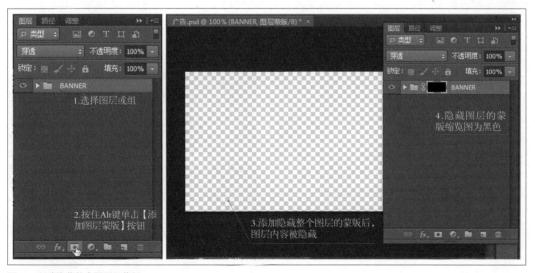

图4.85 创建隐藏整个图层的蒙版

2.添加隐藏部分图层的图层蒙版

添加隐藏部分图层的图层蒙版操作方法如下。

01 在【图层】面板中，选择图层或组。

02 选择图像中的区域。可以使用任意选框工具选择图像区域，如图4.86所示。

2.选择矩形选框工具

图4.86 选择图像中的区域　　1.在【图层】面板选择图层或组

03 执行下列操作之一：

单击【图层】面板中的【添加图层蒙版】按钮，以创建显示选区的蒙版，如图4.87所示。

按住Alt键并单击【图层】板中的【添加图层蒙版】按钮，以创建隐藏选区的蒙版，如图4.88所示。

图4.87 创建显示选区的蒙版

2.创建显示选区版的图层

图4.88 创建隐藏选区的蒙版

1.按住Alt键单击【添加图层蒙版】按钮

3.删除图层蒙版

删除图层蒙版的操作方法如下：

01 在【图层】面板中，选择图层上的蒙版（单击图层蒙版缩览图）。

02 单击【图层】面板的【删除图层】按钮，或者将图层蒙版缩览图拖到【删除图层】按钮上。

03 弹出对话框后，单击【删除】按钮即可，如图4.89所示。

1.将蒙版缩览图拖到【删除图层】按钮上

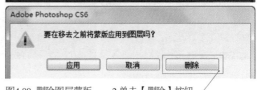

图4.89 删除图层蒙版　　2.单击【删除】按钮

4.5 设计跟练

学习内容：图层混合选项和图层样式的应用。

学习目的：掌握通过图层混合选项中的【挖空】功能处理图层，以及使用图层样式制作特效的方法。

学习备注：跟练制作挖空效果和金属浮雕效果的徽标的例子。

 ## 制作挖空效果的徽标

    Photoshop提供的【挖空】功能可以指定哪些图层是"穿透"的，以使其他图层中的内容显示出来。例如，可以使用包含形状的图层挖空颜色调整图层，以使用原稿颜色显示图像的局部。在规划挖空效果时，需要确定哪个图层将创建挖空的形状，哪些图层将被穿透以及哪个图层将显示出来。下面将通过一个徽标形状的图层进行挖空处理的例子，介绍挖空功能的应用。

    制作挖空效果的徽标的操作步骤如下（练习文件：..\Example\Ch04\4.5.1.psd）。

01 打开练习文件，此时可以看到文件上的徽标形状是黑色的，效果很单调，如图4.90所示。

02 在面板组上单击【图层】按钮打开【图层】面板，选择【内容】图层，然后选择【图层】|【新建】|【图层背景】命令，将选定的图层转换为背景图层，如图4.91所示。

> **说明**
> 要在挖空区域显示背景，需要将用于创建挖空效果的图层放置在将被穿透的图层上方，并确保图像中的底部图层是背景图层。

3.打开【图层】【新建】子菜单   4.选择【图层背景】命令   1.打开【图层】面板

图4.90 初始图像的徽标效果

2.选择【内容】图层

图4.91 将普通图层转换为背景图层

03 同时选择到【太阳】和【名典太阳俱乐部】图层，然后打开【图层】面板菜单，并选择【合并图层】命令（或按下Ctrl+E组合键），如图4.92所示。

04 此时选择合并后的【名典太阳俱乐部】图层，再打开【图层】菜单，选择【图层样式】|【混合选项】命令，如图4.93所示。

图4.92 合并图层

图4.93 应用图层混合

05 打开【图层样式】对话框后，在【高级混合】选项框内设置挖空为【深】，接着设置混合模式为【变亮】，并单击【确定】按钮，如图4.94所示。操作此步骤时需要注意：要创建挖空效果，需要执行降低填充不透明度或更改混合模式以显示下层像素的操作。

06 在图层1名称右侧空白位置上双击鼠标，打开【图层样式】对话框后，选择【投影】复选项，接着设置投影的【结构】选项，并单击【确定】按钮，如图4.95所示。设置徽标形状挖空的结果如图4.96所示。

说明

挖空选项说明：

选择【浅】选项将挖空到第一个可能的停止点，例如图层组之后的第一个图层或剪贴蒙版的基底图层。

选择【深】选项将挖空到背景。如果没有背景，则会挖空到透明。

另外，如果未使用图层组或剪贴蒙版，则【浅】或【深】都会创建显示背景图层（如果底部图层不是背景图层，则为透明）的挖空效果。

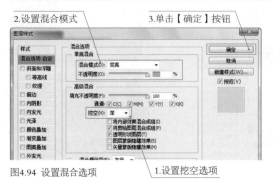

图4.94 设置混合选项

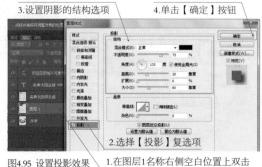

图4.95 设置投影效果

图4.96 制作挖空徽标的结果

4.5.2 制作金属浮雕效果的徽标

　　图层样式的应用可以让图像特效设计变得非常方便，特别是对于文字和形状而言，图层样式的应用更加丰富了文字和形状的效果处理。下面将以一个购物中心招牌为例，介绍通过图层样式制作具有金属浮雕效果徽标的方法。

　　制作金属浮雕效果的徽标的操作步骤如下（练习文件：..\Example\Ch04\4.5.2.psd）。

01 打开练习文件，再打开【图层】面板，在【新世界】图层名称右侧的空位置上双击，如图4.97所示。

02 打开【图层样式】对话框后，选择【斜面和浮雕】复选项，再设置样式的【结构】选项和【阴影】选项，如图4.98所示。

1.在图层名称右侧的空位置上双击

2.招牌徽标原始的效果

图4.97 双击图层打开【图层样式】对话框

1.选择【斜面和浮雕】复选项　　2.设置结构选项

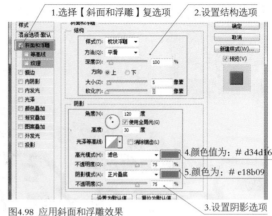

4.颜色值为：# d34d16

5.颜色为：# e18b09

3.设置阴影选项

图4.98 应用斜面和浮雕效果

03 在【图层样式】对话框中选择【内阴影】复选框，然后设置【结构】选项和【等高线】类型，接着单击【混合模式】选项的色块，通过拾色器选择用于混合的颜色，如图4.99所示。

1.选择【内阴影】复选项　2.设置结构选项　4.单击【混合模式】右侧的色块打开拾色器　6.单击【确定】按钮

5.输入颜色数值

3.设置等高线类型

图4.99 应用内阴影效果

04 在【图层样式】对话框中选择【光泽】复选项，然后设置【结构】选项，再单击【混合模式】选项的色块，通过拾色器选择用于混合的颜色，如图4.100所示。

2.设置结构选项

5.单击【确定】按钮

1.选择【光泽】复选项

3.单击【混合模式】右侧的色块打开拾色器

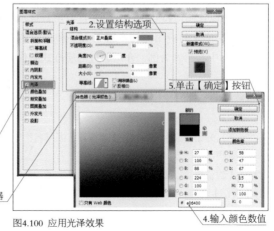

4.输入颜色数值

图4.100 应用光泽效果

05 继续在在【图层样式】对话框中选择【外发光】复选项，然后设置【结构】选项组和【图素】选项组，如图4.101所示。

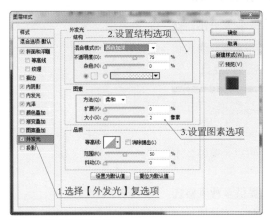

图4.101 应用外发光效果

06 在【图层样式】对话框中选择【投影】复选项，然后设置【结构】选项，再单击【混合模式】选项的色块，通过拾色器选择用于混合的颜色，如图4.102所示。

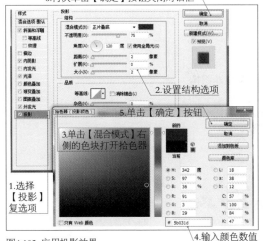

图4.102 应用投影效果

07 返回文件窗口中，查看图像中徽标设置图层样式的效果，如图4.103所示。

图4.103 徽标设置图层样式的效果

4.6 小结与思考

本章主要介绍了图层的基础知识和图层管理与应用的方法，其中包括了创建图层和组、选择/链接/搜索/锁定/栅格化图层、指定混合模式和图层样式、应用调整和填充图层、应用图层复合和蒙版等内容。

思考与练习

（1）思考

在文件中，隐藏的图层会被打印出来吗？如果不可以，要怎么才能让隐藏的图层通过打印机打印出来？

当客户要求设计一种类型的图像作品时，要求提供多种风格选择，那么设计者可以应用Photoshop的什么功能可以快捷、方便地达到客户的目的？

提示：应用图层复合创建多个图像版本。

（2）练习

本章练习题要求使用为练习文件中的文本应用图层样式，制作出如图4.104所示的效果。（练习文件：..\Example\Ch04\4.6.psd）

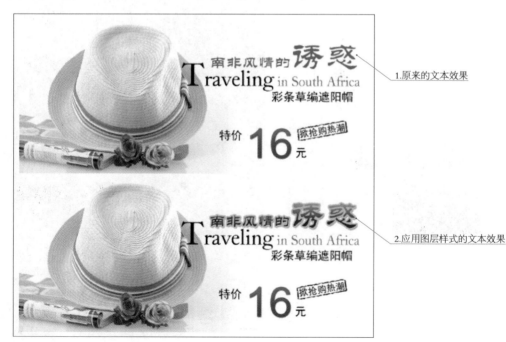

1.原来的文本效果

2.应用图层样式的文本效果

图4.104 制作文本效果

选区的创建、修改和应用

选区用于分离图像的一个或多个部分，常用于选择图像素材。通过选择特定区域，您可以编辑效果和滤镜并将其应用于图像的局部，同时保持未选定区域不会被改动。Photoshop提供了多种创建选区的工具，例如选框工具、套索工具、魔术棒工具等。此外，用户还可以对选区进行诸如羽化、变形、旋转、扭曲等修改处理。

Chapter

5

5.1 通过选区选择图像素材

学习内容： 在Photoshop中利用选区选择素材。

学习目的： 学习使用工具和色彩范围创建选区，通过选区选择到合适的图像素材的方法。

学习备注： 用户可以使用多种工具和不同的方法创建选择。

在使用Photoshop编辑图像时，通常需要对某个指定区域进行编辑，例如对图像中的某个区域进行调色处理，或者需要删除某个区域中的像素等。本节将介绍在图像上创建选区选择素材和取消选择的方法。

5.1.1 使用选框工具选择

选框工具允许用户选择矩形、椭圆形和宽度为1个像素的行和列。Photoshop CS6提供了【矩形选框工具】、【椭圆选框工具】、【单行选框工具】、【单列选框工具】4种选框工具。用户只要移动鼠标至默认的【矩形选框工具】按钮上长按鼠标，即可弹出选框工具组列表，如图5.1所示。

图5.1 打开选框工具列表

使用选框工具选择图像素材的操作方法如下（练习文件：..\Example\Ch05\5.1.1.jpg）。

01 打开练习文件，然后选择选框工具：

矩形选框■：建立一个矩形选区（配合使用Shift键可建立方形选区）。

椭圆选框■：建立一个椭圆形选区（配合使用Shift键可建立椭圆形选区）。

单行■或单列■选框：将边界定义为宽度为1个像素的行或列。

02 在选项栏中指定一个选区选项：

新选区■：创建新选区。如果图像已经有选区，则在创建新选区后取消原来的选区。

添加到选区■：将创建的选区添加到现有的选区中。

从选区减去■：删除新创建选区和现有选区的交叉部分。

与选区交叉■：删除新创建选区和现有选区的非交叉部分。

03 在选项栏中指定羽化设置和样式设置。如果选择【椭圆选框工具】，可以打开或关闭消除锯齿设置，如图5.2所示。

1.选择矩形
选框工具

2.按下【新选区】按钮

3.设置其他工具选项

图5.2 选择工具并设置选项

04 执行下列操作之一来创建选区：

使用【矩形选框工具】在要选择的区域上拖动指针即可，如图5.3所示。

使用【椭圆选框工具】在要选择的区域上拖动指针即可，如图5.4所示。

图5.3 创建矩形选区

图5.4 创建椭圆形选区

技巧 按住Shift键时拖动可将选区限制为方形或圆形（要使选区形状受到约束，需要先释放鼠标按钮再释放Shift键）。要从选框的中心拖动它，可以在开始拖动之后按住Alt键。

05 对于单行或单列选框工具，用户可以在要选择的区域旁边单击，然后将选框拖动到确切的位置，如图5.5所示。

图5.5 创建单行选区

图5.6 创建单列选区

技巧　要在创建矩形或椭圆选区时移动选区，可以先拖动鼠标以创建选区边框，在此过程中要一直按住鼠标左键，然后按住空格键并继续拖动即可移动选区。如果需要继续调整选区的形状，则可松开空格键，但是依然需要一直按住鼠标按钮。当松开鼠标左键时，就创建出选区了。

5.1.2 使用套索类工具选择

Photoshop提供的套索类工具分为【套索工具】、【多边形套索工具】、【磁性套索工具】三种，使用它们可以根据素材的不同创建出规则或不规则的选区：

套索工具：可以徒手创建出任意选区，对于绘制选区边界的手绘线段十分有用。

多边形套索工具：可以通过多条直线构架出素材的形状，比如可以用于选择梯形图案等，弥补了【矩形选框工具】的不足。

磁性套索工具：可根据图像中颜色的对比度来创建选区。

1.使用套索工具

套索工具的使用方法如下（练习文件:..\Example\Ch05\5.1.2.jpg）。

01 打开练习文件，再选择【套索工具】，然后在选项栏中设置羽化和消除锯齿选项，接着设置要创建新选区、添加到现有选区、从现有选区减去或与现有选区交叉选项，如图5.7所示。

图5.7 选择工具并设置选项

02 执行以下任一操作：

在要选择的素材上拖动以手绘选区的边界，如图5.8所示。

要在手绘线段与直边线段之间切换，可以按Alt键，然后单击线段的起始位置和结束位置，如图5.9所示。

要抹除最近绘制的直线段，可以按下Delete键。

图5.8 手绘选区边界

图5.9 切换到直边线段绘制

03 要闭合选区边界，可以在绘制过程中不按住Alt键时释放鼠标，如图5.10所示。

04 如果要调整选区边界，可以单击选项栏的【调整边界】按钮，然后通过【调整边界】对话框调整选区边界，如图5.11所示。

图5.10 闭合选区边界

图5.11 调整边缘

2.使用多边形套索工具

多边形套索工具的使用方法如下（练习文件:..\Example\Ch05\5.1.2.jpg）。

01 打开练习文件，选择【多边形套索工具】，并选择相应的工具选项。

02 在图像中单击以设置起点，再执行下列一个或多个操作:

若要绘制直线段，可以将指针放到要第一条直线段结束的位置，然后单击。继续单击，设置后续线段的端点，如图5.12所示。

要绘制一条角度为45°的倍数的直线，可以在移动时按住Shift键以单击下一个线段。

若要绘制手绘线段，可以按住Alt键并拖动，如图5.13所示。完成后，松开Alt键以及鼠标按钮。

要抹除最近绘制的直线段，可以按Delete键。

03 当要关闭选区边界时，可以执行以下操作之一:

将多边形套索工具的指针放在起点上（指针旁边会出现一个闭合的圆）并单击，如图5.13所示。

如果指针不在起点上，可以双击多边形套索工具指针，或者按住Ctrl键并单击。

图5.12 绘制直线段选区边界

图5.13 闭合选区边界

3.使用磁性套索工具

磁性套索工具的使用方法如下（练习文件:..\Example\Ch05\5.1.2.jpg）。

`01` 打开练习文件，选择【磁性套索工具】，并在选项栏中设置要创建新选区、添加到现有选区、从现有选区减去或与现有选区交叉选项，再设置羽化和消除锯齿选项。

`02` 接着设置下列任一选项，如图5.14所示。

宽度：要指定检测宽度，可以在【宽度】文本框中输入像素值。磁性套索工具只检测从指针开始指定距离以内的边缘。

对比度：要指定套索对图像边缘的灵敏度，可以在【对比度】文本框中输入一个介于1%和100%之间的值。较高的数值将只检测与其周边对比鲜明的边缘，较低的数值将检测低对比度边缘。

频率：要指定套索以什么频度设置紧固点，可以在【频率】文本框中输入0到100之间的数值。较高的数值会更快地固定选区边界。

光笔压力：如果正在使用光笔绘图板，可以按下或取消按下【光笔压力】按钮。按下该按钮时，增大光笔压力将导致边缘宽度减小。

1.选择磁性套索工具　　2.设置工具选项

图5.14 选择工具并设置选项

`03` 在图像中单击，设置第一个紧固点。紧固点将选框固定住。

`04` 释放鼠标按钮，或按住它不动，然后沿着要跟踪的图像边缘移动指针。此时，【磁性套索工具】会定期将紧固点添加到选框上，以固定前面的线段，如图5.15所示。

技巧

要更改套索指针以使其指明套索宽度，可以按住Caps Lock键。按右方括号键（]）可将磁性套索边缘宽度增大1像素；按左方括号键（[）可将宽度减小1像素。

另外，在边缘精确定义的图像上，可以试用更大的宽度和更高的边对比度，然后大致地跟踪边缘。在边缘较柔和的图像上，尝试使用较小的宽度和较低的边对比度，然后更精确地跟踪边框。

1.单击设置第一个紧固点

注意

刚绘制的选框线段保持为现用状态。当移动指针时，现用线段与图像中对比度最强烈的边缘（基于选项栏中的检测宽度设置）对齐。

2.沿图像边缘移动指针添加选框，此时固定点会定期添加到选框上

图5.15 添加选框

`05` 如果边界没有与所需的边缘对齐，则单击一次以手动添加一个紧固点。继续移动指针或继续手动单击添加紧固点以跟踪边缘。

`06` 要临时切换到其他套索工具，可以执行下列任一操作：

要启用【套索工具】，可以按住Alt键并按住鼠标按钮进行拖动。

要启用【多边形套索工具】，可以按住Alt键并单击。

07 要抹除刚绘制的线段和紧固点，可以按Delete键直到抹除了所需线段的紧固点。

08 要闭合选框时，执行下列之一的操作：

要用磁性线段闭合边界，可以双击或按Enter键或Return键。

要手动关闭边界，可以拖动回起点并单击，如图5.16所示。

若要用直线段闭合边界，可以按住Alt键并双击。

图5.16 闭合选框

5.1.3 使用快速选择工具选择

在Photoshop中，用户可以使用【快速选择工具】可调整的圆形画笔笔尖快速"绘制"出选区。在使用【快速选择工具】拖动时，选区会向外扩展并自动查找和跟随图像中定义的边缘。

使用快速选择工具选择素材的操作方法如下（练习文件:..\Example\Ch05\5.1.3.jpg）。

01 打开练习文件，再选择【快速选择工具】。

02 在选项栏中，单击以下按钮之一：【新选区】按钮、【添加到选区】按钮或【从选区减去】按钮。【新选区】是在未选择任何选区的情况下的默认选项。创建初始选区后，此选项将自动更改为【添加到选区】。

03 要更改画笔笔尖大小，可以单击选项栏中的【画笔】选项列表框并键入像素大小或拖动滑块设置大小。设置【大小】选项，可以使画笔笔尖大小随钢笔压力或光笔轮而变化，如图5.17所示。

图5.17 设置画笔选项

技巧 在建立选区时，按右方括号键（]）可增大快速选择工具画笔笔尖的大小；按左方括号键（[）可减小快速选择工具画笔笔尖的大小。

04 接着选择下列快速选择选项。

对所有图层取样：基于所有图层（而不是仅基于当前选定图层）创建一个选区。

自动增强：减少选区边界的粗糙度和块效应。【自动增强】功能自动将选区向图像边缘进一步流动并应用一些边缘调整。

05 此时可以在要选择的图像部分中拖动鼠标绘出选区，选区将随着绘画而增大，如图5.18所示。在形状边缘的附近绘画时，选区会扩展以跟随形状边缘的等高线。

1.拖动鼠标绘出选区

2.选区随绘画而增大

图5.18 绘出选区

技巧　如果停止拖动，然后在附近区域内单击或拖动，选区将增大以包含新区域。

06 要从选区中减去，可以单击选项栏中的【从选区减去】 按钮，然后拖过现有选区，如图5.19所示。

07 要临时在添加模式和相减模式之间进行切换，可以按住Alt键。

1.在现有选区
中拖动鼠标

2.从选区减
去的结果

图5.19 减去选区

5.1.4 使用魔棒工具选择

【魔棒工具】可以选择颜色一致的区域（例如红旗图像上的红色区域），而不必跟踪其轮廓。该工具能够根据设置的【容差】值和选择的颜色，选择与此颜色相同或者相近的图像区域。使用【魔棒工具】来选择素材不仅省时，又能达到满意的效果。

注意 【魔棒工具】不能在位图模式的图像或32位/通道模式的图像上使用。

使用魔棒工具选择图像素材的操作方法如下（练习文件:..\Example\Ch05\5.1.4.jpg）。

01 打开练习文件，再选择【魔棒工具】，然后在选项栏中指定要创建新选区、添加到现有选区、从现有选区减去或与现有选区交叉选项。

02 在选项栏中，指定以下任意选项，如图5.20所示：

容差：确定所选像素的色彩范围。以像素为单位输入一个值，范围介于0到255之间。如果值较低，则会选择与所单击像素非常相似的少数几种颜色；如果值较高，则会选择范围更广的颜色。

消除锯齿：创建较平滑边缘选区。

连续：只选择使用相同颜色的邻近区域。否则，将会选择整个图像中使用相同颜色的所有像素。

对所有图层取样：使用所有可见图层中的数据选择颜色。否则，【魔棒工具】将只从现有图层中选择颜色。

1.选择魔棒工具　　2.按下【创建新选区】按钮　　3.设置其他选项

图5.20 选择工具并设置选项

03 在图像中单击要选择的颜色。如果【连续】复选框已选中，则容差范围内的所有相邻像素都被选中，如图5.21所示。否则，将选中容差范围内的所有像素。

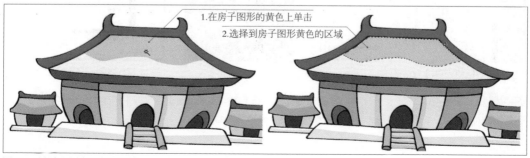

1.在房子图形的黄色上单击
2.选择到房子图形黄色的区域

图5.21 选择相同或相近颜色区域

注意 由于Photoshop的图像是由像素组成的，所以在使用【魔棒工具】选择图像素材时，选区边缘难免会出现锯齿现象。当选择【消除锯齿】复选框后，即可通过淡化边缘的方式来产生与背景颜色之间有更顺畅的过渡，使出现的锯齿边缘恢复平滑。

5.1.5 通过相近色彩范围选择

【魔棒工具】只能对大片相同或相似的色域起作用，对于选择某一指定色彩的准确性不高。此时可以使用【色彩范围】命令来选择，只需有图像中指定要选取的颜色部分，软件即会自动将图像中所有同类色彩属性的区域选取，不管多复杂的图形，只需轻轻一点即可将其选取，在平面设计中的使用频率非常高。

技巧 【色彩范围】命令不可用于32位/通道颜色模式的图像。

使用【色彩范围】命令来选择的操作方法如下（练习文件:..\Example\Ch05\5.1.5.jpg）。

01 打开练习文件，选择【选择】|【色彩范围】命令，打开【色彩范围】对话框，如图5.22所示。

02 打开【色彩范围】对话框后，在【选择】菜单中选择【取样颜色】选项。另外，也可以从【选择】菜单中选择颜色或色调范围，但是不能调整选区，如图5.23所示。其中，【溢色】选项仅适用于RGB颜色模式和Lab颜色模式的图像。

图5.22 打开【色彩范围】对话框　　　　　　　　　　　　　图5.23 取样颜色或从预设颜色定义范围

03 如果在图像中选择多个颜色范围，则在对话框中选择【本地化颜色簇】复选框来构建更加精确的选区；如果图像是人物肖像，选择【检测人脸】复选框可以更精确检测人脸范围。

04 选择以下显示选项，如图5.24所示。

选择范围：预览由于对图像中的颜色进行取样而得到的选区。默认情况下，白色区域是选定的像素，黑色区域是未选定的像素，而灰色区域则是部门选定的像素。

图像：预览整个图像。例如，可能需要从不在屏幕上的一部分图像中取样。

1.选择范围选项的显示效果　　2.选择图像选项的显示效果

图5.24 选择显示选项

05 将吸管指针放在图像或预览区域上，然后单击以对要包含的颜色进行取样，如图5.25所示。

06 如有必要，使用【颜色容差】滑块或输入一个数值来调整选定颜色的范围，如图5.26所示。【颜色容差】设置可以控制选择范围内色彩范围的广度，并增加或减少部分选定像素的数量（选区预览中的灰色区域）。设置较低的【颜色容差】值可以限制色彩范围，设置较高的【颜色容差】值可以增大色彩范围。

图5.25 取样颜色　　图5.26 增大色彩范围

技巧 要在【色彩范围】对话框中的【图像】方式和【选择范围】方式预览之间切换，可以按Ctrl键)。

07 如果要调整选区，可以执行下列的操作之一：

要添加颜色，可以选择【加色吸管工具】🖉，并在预览区域或图像中单击，如图5.27所示。

要减去颜色，可以选择【减色吸管工具】🖉，并在预览或图像区域中单击。

08 要在图像窗口中预览选区，可以打开【选区预览】菜单，选择下列选项。

无：显示原始图像。

灰度：对全部选定的像素显示白色，对部分选定的像素显示灰色，对未选定的像素显示黑色。

黑色杂边：对选定的像素显示原始图像，对未选定的像素显示黑色。此选项适用于明亮的图像，如图5.28所示。

白色杂边：对选定的像素显示原始图像，对未选定的像素显示白色。此选项适用于暗图像。

快速蒙版：将未选定的区域显示为宝石红颜色叠加。

1.选择加色吸管工具

2.在预览区域上单击增加颜色

图5.27 添加颜色

2.通过文件窗口预览选区的效果

1.设置选区预览为【黑色杂边】选项

图5.28 设置选区预览选项

09 选择【反相】复选框，可以反相显示选区，如图5.29所示。

10 完成设置后，单击【确定】按钮，即可根据选择的颜色创建选区，如图5.30所示。

1.原来选择颜色范围的效果

2.选择【反相】复选框

3.反相选区的效果

图5.29 反相选区

图5.30 通过颜色范围选择花朵的结果

5.1.6 全部选择与取消选择

如果要选择图层上的全部像素，可以在【图层】面板上选择图层，然后按下Ctrl+A组合键，或者选择【选择】|【全部】命令，如图5.31所示。

图5.31 选择图层全部内容

如果要取消选择，可以执行下列操作之一：

选择【选择】|【取消选择】命令，如图5.32所示。

按下Ctrl+D组合键。

如果使用的是矩形选框工具、椭圆选框工具或套索工具，可以在图像中单击选定区域外的任何位置。

图5.32 取消选择

技巧 | 取消选择后，如果要重新选择，可以按下Shift+Ctrl+D组合键。

5.2 选区的调整与羽化

学习内容： 选区的移动、修改、羽化和变换。

学习目的： 学习移动选区边界、边界/平滑/扩展/收缩选区、羽化选区
和变换选区的方法。

学习备注： 调整选区可以符合选择要求，羽化选区可消除边缘锯齿。

创建选区后，很多时候需要根据实际选择素材的要求，对选区进行一
些必要的调整。例如移动选区边界，或者对于有明显锯齿的选区边缘
进行羽化处理等。

5.2.1 移动选区边界

移动选区边界是指之移动选区边界位置，而非移动选区本身，如图5.33所示。

图5.33 移动选区边界与移动选区的区别

移动选区边界的操作方法如下：使用任何选区工具，从选项栏中按下【新选区】■按钮，然后将
指针放在选区边界内，移动即可调整选区边界。

通过移动选区边界，可以让选区围住图像的不同区域，也可以将选区边界局部移动到画布边界之
外，还可以将选区边界拖动到另一个文件窗口，如图5.34所示。

图5.34 将选区边界移动另一个文件上

技巧	要将移动方向限制为45°的倍数，先拖动选区边界，然后在继续拖动时按住Shift键。 要以1个像素的增量移动选区，可以使用键盘箭头键。 要以10个像素的增量移动选区，可以按住Shift键并使用箭头键。

5.2.2 修改现有的选区

为了让选区的准确度更高，Photoshop提供了多个修改选区的命令，包括【边界】、【平滑】、【扩展】、【收缩】四个修改命令。通过这些功能，用户可以修改选区的宽度、平滑度或者进行放大、缩小等处理，从而提升徒手创建选区的准确性。

1.按特定数量的像素扩展或收缩选区

按特定数量的像素扩展或收缩选区的操作如下。

01 使用选区工具建立选区。

02 选择【选择】|【修改|【扩展】或【收缩】命令。

03 对于【扩展量】或【收缩量】选项，输入一个1到500之间的像素值，然后单击【确定】按钮，如图5.35所示。选区边界按指定数量的像素扩大或缩小，如图5.36所示为设置扩展量后选区扩大的结果。

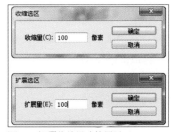

图5.35 设置收缩量或扩展量

图5.36 扩大选区边界的结果

2.在选区边界周围创建一个选区

　　【边界】命令可让用户选择在现有选区边界的内部和外部的像素的宽度。当要选择图像区域周围的边界或像素带，而不是该区域本身时（例如清除粘贴的对象周围的光晕效果），此命令将很有用。

　　在选区边界周围创建一个选区的操作如下。

01 使用选区工具建立选区。

02 选择【选择】|【修改】|【边界】命令。

03 打开【边界选区】对话框后，在【宽度】文本框中输入一个1到200之间的像素值，然后单击【确定】按钮，如图5.37所示。

04 此时新选区将为原始选定区域创建框架，此框架位于原始选区边界的中间。例如，若【宽度】设置为40像素，则会创建一个新的柔和边缘选区，该选区将在原始选区边界的内外分别扩展20像素，如图5.38所示。

3.让选区边界变得更加平滑

　　让选区边界变得更加平滑的操作如下。

01 使用选区工具建立选区。

02 选择【选择】|【修改】|【平滑】命令。

03 打开【平滑选区】对话框后，在【取样半径】文本框中输入1到500之间的像素值，然后单击【确定】按钮，如图5.39所示。

图5.37 设置边界宽度　　　　图5.38 在选区边界周围创建一个选区　　图5.39 应用平滑功能
的结果

　　对于选区中的每个像素，Photoshop将根据半径设置中指定的距离检查它周围的像素。如果已选定某个像素周围一半以上的像素，则将此像素保留在选区中，并将此像素周围的未选定像素添加到选区中；如果某个像素周围选定的像素不到一半，则从选区中移去此像素。整体效果是将减少选区中的斑迹以及平滑尖角和锯齿线。如图5.40所示将矩形选区进行平滑后，选区变成圆角矩形。

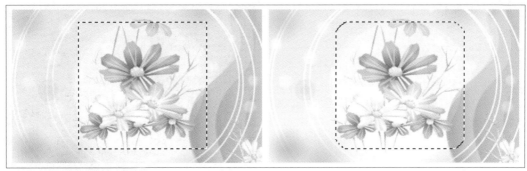

图5.40 平滑处理选区边界后的结果

 # 为现有选区
羽化边缘

若不想选择后的素材边缘出现锯齿状，可以在创建选区后为其进行合适的羽化处理。这样残留在图像边缘的多余像素即被柔化掉，使其与新背景更好地融合为一。

羽化是通过建立选区和选区周围像素之间的转换边界来模糊边缘，该模糊边缘将丢失选区边缘的一些细节。因此，羽化的半径必须恰到好处，若设置过大，其边缘会过于朦胧，甚至产生发光的效果。

下面将通过对现有选区进行羽化处理，为图像制作夜景中的月亮效果，具体的操作步骤如下（练习文件:..\Example\Ch05\5.2.3.psd）。

01 打开练习文件，再打开【图层】面板，选择图层1，再选择【选择】|【修改】|【羽化】命令，如图5.41所示。

02 打开【羽化选区】对话框后，设置羽化半径为10像素，然后单击【确定】按钮，如图5.42所示。

图5.41 使用【羽化】命令

图5.42 设置羽化半径

03 此时选择【选择】|【反向】命令，或者按下 Shift+Ctrl+I组合键，从现有的选区中反向创建选择，如图5.43所示。

04 反向创建选区后，在键盘上按下Delete键，删除选区中属于图层1的内容，此时剩余的内容呈圆形并且边缘有羽化的模糊效果，形成一个月亮的图形，如图5.44所示。

1.打开【选择】菜单

2.选择【反向】命令

图5.43 反向创建选区

1.反向选区后按下Delete键

3.羽化并删除内容后制作出的月亮图形

2.再按下Ctrl+D 组合键取消选择

图5.44 删除选区内容

5.2.4 变换与变形 现有选区

【变换选区】功能，可以在使用【修改】命令无法达到更自由调整选区时使用。【变化选区】功能不仅能随意扩大或缩小选区，还允许旋转选区，甚至可以随便移动各个控制点的位置，使选区能够随心所欲地进行变形处理。

1.自由变换选区

使用【变换选区】命令除了可通过鼠标拖动自动缩放选区，还可以对选区进行旋转、缩放、翻转等处理。

自由变换选区的操作步骤如下（练习文件:..\Example\Ch05\5.2.4a.psd）。

01 打开练习文件，先创建一个椭圆选区，然后选择【选择】|【变换选区】命令，如图5.45所示。

02 此时选区边界上出现了变形框，将鼠标指针移到变形框的角点上会出现一个弧形的双箭头图标 。当出现此图标后按住鼠标移动即可旋转选区，如图5.46所示。

1.原来图像的椭圆形选区　　2.打开【选择】菜单

图5.45 使用【变换选区】命令

3.选择【变换选区】命令

图5.46 旋转选区

03 将鼠标指针移到选区内，当指针变成箭头图标后▶，拖动鼠标即可移动选区边界，如图5.47所示。

04 将鼠标指针移到变形框上下边缘中央的控制点时，鼠标指针将出现上下方向的双箭头图标，拖动鼠标即可扩大或缩小选区边界。图5.48所示为缩小选区边界的操作。

图5.47 移动选区边界

1.缩小选区上边界

图5.48 缩小选区上下边界

2.缩小选区下边界

05 除了手动调整变换框外，用户还可以通过选项工具栏输入数值进行变换选区处理。当完成变换选区的调整后，在选区边界内双击鼠标，或者单击【提交变换】按钮☑，即可执行变换，如图5.49所示。如果不满意变换的设置，单击选项栏中的【取消变换】按钮◎，或者按下Esc键即可。

3.在选项栏中输入数值，可以执行变换设置
2.单击【提交变换】按钮也可以提交变换

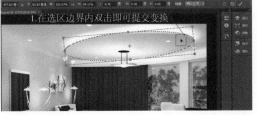

1.在选区边界内双击即可提交变换

图5.49 提交变换

技巧	在手动缩放选区时，可以配合以下按键实现特殊变换： 按住Shift键拖动任一边角点，可以保持长宽比进行缩放。 按住Shift+Alt组合键拖动任一边角点，能以参考点为基准等比缩放选区。 按住Shift键旋转选区，可以按15°倍数角旋转选区。 按住Ctrl键拖动任一控制点，可以对选区进行扭曲变形。 按住Ctrl+Shift组合键拖动控制点，可以沿水平或垂直方向倾斜变形。 按住Ctrl+Shift+Alt组合键拖动任一边角点，可以使选区产生透视效果。

2.使用变形模式

除了通过自由变换调整选区外，还可以使用变形模式来调整选区。变形模式为选区提供更丰富的修改处理，例如斜切、扭曲、透视、变形等。

使用变形模式修改选区的操作步骤如下（练习文件:..\Example\Ch05\5.2.4b.psd）。

01 打开练习文件，先创建一个矩形选区，然后选择【选择】|【变换选区】命令，接着在工具栏上单击【在自由变换和变形模式之间切换】按钮，如图5.50所示。

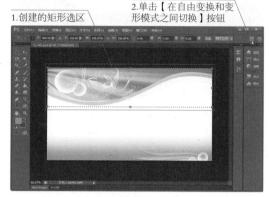

图5.50 切换到变形模式

02 当选区显示变形框后，使用鼠标按住变形框左下方的角点，然后向上移动，调整角点的位置。使用相同的方法，调整变形框右下方角点的位置，如图5.51所示。

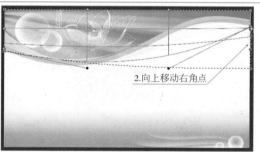

图5.51 调整角点位置

03 此时可以按住角点的控制手柄，然后拖动手柄调整选区边界的形状，如图5.52所示。

04 如果移动手柄后选区边界还不符合要求，可以使用鼠标按住选区边界，然后上下移动调整边界的位置，接着再次使用手柄来微调选区边界，将选区调整成要选择的图像素材的形状，如图5.53所示。

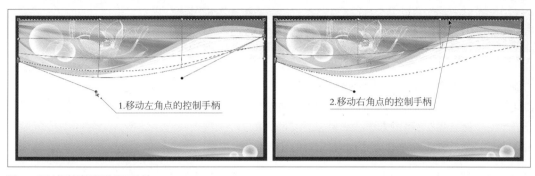

图5.52 通过控制手柄调整选区边界

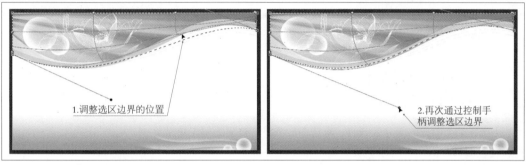

图5.53 微调选区边界

`05` 当完成变形选区的设置后，在选区边界内双击鼠标，或者单击选项栏的【提交变换】按钮✔，即可执行变换。变形选区的结果如图5.54所示。

技巧 | 除了通过手动的方式使用变形模式调整选区外，用户还可以在变形模式下使用预设的变形来调整选区，如图5.55所示。

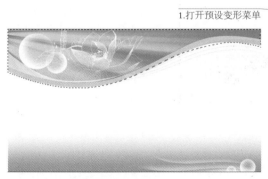

图5.54 通过变形模式调整选区的结果

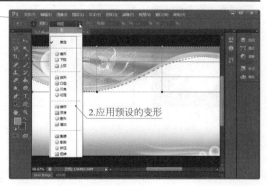

图5.55 使用预设变形调整选区

5.3 使用蒙版和存储选区

学习内容： 使用蒙版创建选区与存储和载入选区。

学习目的： 了解蒙版和Alpha通道，再学习使用蒙版创建选区，以及存储与载入选区的方法。

学习备注： 蒙版和Alpha通道是用于选择素材的好帮手。

本节将会详细介绍存储选区与载入选区的方法，另外还会传授用户如何使用蒙版功能去选择特殊的素材。

5.3.1 关于蒙版和Alpha通道

当选择某个图像的部分区域时，未选中区域将"被蒙版"或受保护以免被编辑。因此，创建了蒙版后，当要改变图像某个区域的颜色，或者要对该区域应用滤镜或其他效果时，用户可以隔离并保护图像的其余部分。

蒙版存储在Alpha通道中。蒙版和通道都是灰度图像，因此可以使用绘画工具、编辑工具和滤镜像编辑任何其他图像一样对它们进行编辑。在蒙版上用黑色绘制的区域将会受到保护；而蒙版上用白色绘制的区域是可编辑区域。图5.56所示为蒙版的示例。

1.用于保护背景并编辑"蝴蝶"的不透明蒙版　2.用于保护"蝴蝶"并为背景着色的不透明蒙版　3.用于为背景和部分"蝴蝶"着色的半透明蒙版

图5.56 蒙版示例

要更加长久地存储一个选区，可以将该选区存储为Alpha通道。Alpha通道将选区存储为【通道】面板中的可编辑灰度蒙版，如图5.57所示。一旦将某个选区存储为Alpha通道，用户就可以随时重新载入该选区或将该选区载入到其他图像中。

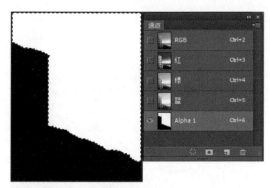

图5.57 将选区存储为Alpha通道

通道是存储不同类型信息的灰度图像。其中颜色信息通道是在打开新图像时自动创建的。图像的颜色模式决定了所创建的颜色通道的数目。例如，RGB图像的每种颜色（红色、绿色和蓝色）都有一个通道，并且还有一个用于编辑图像的复合通道。Alpha通道的作用是将选区存储为灰度图像。用户可以添加Alpha通道来创建和存储蒙版，这些蒙版用于处理或保护图像的某些部分。

5.3.2 使用快速蒙版模式选择

使用快速蒙版模式可将选区转换为临时蒙版以便更轻松地编辑。快速蒙版将作为带有可调整的不透明度的颜色叠加出现。用户可以使用任何绘画工具编辑快速蒙版或使用滤镜修改它。当退出快速蒙版模式后，蒙版将转换回为图像上的一个选区。

使用快速蒙版模式的操作方法如下（练习文件:..\Example\Ch05\5.3.2.psd）。

01 打开练习文件，然后使用【快速选择工具】 在图像上创建选区，如图5.58所示。

02 单击工具箱中的【以快速蒙版模式编辑】按钮 。此时图像会颜色叠加（类似于红片）覆盖并保护选区外的区域。默认情况下，【快速蒙版】模式会用红色、50%不透明的叠为受保护区域着色，如图5.59所示。

图5.58 创建选区

图5.59 使用快速蒙版模式

03 要编辑蒙版，可以从工具箱中选择绘画工具。此时工具箱中的色板自动变成黑白色。用白色绘制可在图像中选择更多的区域（颜色叠加会从用白色绘制的区域中移去），如图5.60所示。

04 如果要取消选择区域，可以用黑色在没有叠色保护的区域上绘制，绘制时颜色叠加会覆盖用黑色绘制的区域，如图5.61所示。

1.选择画笔工具　　2.设置工具选项

2.在没有颜色叠加区域上拖动绘制，绘制的区域会添加颜色叠加

4.在颜色叠加区域上拖动，选区更多的区域

3.确保工具箱的色块显示前景色为白色

1.更改工具箱色板上的前景色为黑色

图5.60 选择更多的区域　　　　　　　　　图5.61 取消选区区域

技巧 用灰色或其他颜色绘画可创建半透明区域，这对羽化或消除锯齿效果有用。当退出【快速蒙版】模式时，半透明区域可能不会显示为选定状态，但它们的确处于选定状态。

---

05 绘制完成后，单击工具箱中的【以标准模式编辑】按钮，关闭快速蒙版并返回到原始图像。选区边界现在包围快速蒙版的未保护区域，如图5.62所示。

2.返回标准模式后显示创建的区域

1.单击【以标准模式编辑】按钮

图5.62 返回到标准模式

技巧 如果羽化的蒙版被转换为选区，则边界线正好位于蒙版渐变的黑白像素之间。选区边界指明选定程度小于50%和大于50%的像素之间的过渡效果。

5.3.3 通过Alpha通道蒙版选择

在Photoshop中，用户可以创建一个新的Alpha通道，然后使用绘画工具、编辑工具和滤镜通过该Alpha通道创建蒙版。另外，用户也可以将Photoshop内的现有选区存储为Alpha通道，该通道将出现在【通道】面板中。

通过Alpha通道蒙版创建选区的操作方法如下（练习文件:..\Example\Ch05\5.3.3.psd）。

01 打开练习文件，选择【窗口】|【通道】命令打开【通道】面板。

02 如果想要默认的设置创建新通道，可以单击【创建新通道】按钮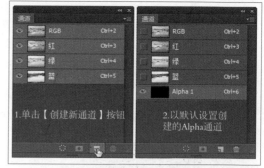，创建一个Alpha通道，如图5.63所示。

03 如果想要创建Alpha通道时设置选项，可按住Alt键后单击【创建新通道】按钮，此时设置通道名称、色彩指示和颜色，然后单击【确定】按钮，如图5.64所示。

图5.63 创建默认的Alpha通道

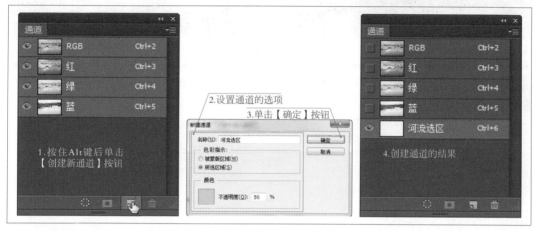

图5.64 创建通道并设置选项

注意

新建通道的【色彩指示】选项说明如下。

被蒙版区域：将被蒙版区域设置为黑色（不透明），并将所选区域设置为白色（透明）。用黑色绘画可扩大被蒙版区域；用白色绘画可扩大选中区域。

所选区域：将被蒙版区域设置为白色（透明），并将所选区域设置为黑色（不透明）。用白色绘画可扩大被蒙版区域；用黑色绘画可扩大选中区域。

04 新建通道后RGB通道会被隐藏，此时将RGB通道显示以便可以查看图像。在工具箱中选择绘画工具，确保工具箱色块的前景色为【黑色】，接着在需要被选择的区域上拖动绘画工具，以包含选择的区域，如图5.65所示。

图5.65 包含选择的区域

05 此时隐藏RGB通道，即可在文件窗口中看到绘画的区域（黑色），该区域就是选择到的区域。在【通道】面板上单击【将通道作为选区载入】按钮，即可将黑色的绘画区域转换为选区，如图5.66所示。

05 将通道作为选区载入后，显示RGB通道，即可在文件窗口看到载入的选区，如图5.67所示。

图5.66 将通道作为选区载入

图5.67 查看选区

选择画笔或编辑工具编辑通道时，执行下列操作之一，以便在从Alpha通道创建的蒙版中添加或减去区域：

要移去新通道中的区域，请用白色绘画。

要在新通道中添加区域，请用黑色绘画。

5.3.4 存储与载入选区

用户可以将任何选区存储为新的或现有的Alpha通道中的蒙版，然后从该蒙版重新载入选区。通过载入选区使其处于现用状态，然后添加新的图层蒙版，可将选区用作图层蒙版。

要存储现有的选区，可以选择【选择】|【存储选项】命令，接着在打开的【存储选项】对话框中设置目标和操作，再单击【确定】按钮即可，如图5.68所示。

图5.68 存储选区

如果要将存储的选区载入到源文件或者另一个文件，则可以打开新文件，然后选择【选择】｜【载入选项】命令，接着在打开的【载入选区】对话框中选择存储选区的源文件和通道，再单击【确定】按钮，如图5.69所示。

图5.69 载入选区

5.4 设计跟练

学习内容： 选区的创建与颜色调整的配合应用。

学习目的： 掌握在图像上利用选区选择到合适的素材，并通过颜色调整和贴入素材的功能制作图像选区的效果。

学习备注： 跟练制作黄昏光照的效果和带图案纹理文字的效果。

 ## 制作黄昏光照相片效果

本例将使用一张乌云密布的相片作为处理对象，通过【快速选择工具】将相片中的乌云选择到，并进行颜色调整，接着使用【多边形套索工具】选择房子和房子倒影，再进行颜色调整，让相片产生黄昏光照的效果。

制作黄昏光照相片效果的操作步骤如下（练习文件：..\Example\Ch05\5.4.1.jpg）。

01 打开练习文件，此时可以通过文件窗口看到乌云密布的相片效果，如图5.70所示。

02 在工具箱中选择【矩形选框工具】 ，然后在选项栏中设置如图5.71所示的选项，再拖动鼠标在文件上创建一个矩形选区，将整个相片选中。

图5.70 原来相片的效果

图5.71 创建矩形选区

03 选择【图像】|【调整】|【色彩平衡】命令，打开【色彩平衡】对话框后，选择【中间调】单选项，再设置色彩平衡的各个色阶，接着单击【确定】按钮，最后返回文件窗口并按下Ctrl+D组合键，取消选择，如图5.72所示。

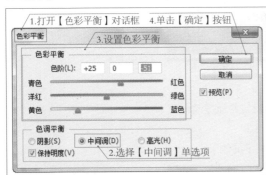

图5.72 调整色彩平衡

04 在工具箱中选择【快速选择工具】，然后在选项栏中设置工具选项，接着在相片天空区域上拖动，选择到天空区域，如图5.73所示。

图5.73 选择到相片的天空区域

05 创建选区后，选择【图像】||【调整】||【色彩平衡】命令，打开【色彩平衡】对话框后，选择【中间调】单选项并设置色彩平衡选项，最后单击【确定】按钮，如图5.74所示。

06 选择【图像】||【调整】||【曲线】命令，打开【曲线】对话框后，选择通道为【RGB】，再拖动曲线设置RGB输入与输出，如图5.75所示。

07 此时将通道修改为【红】，再使用鼠标按住颜色曲线并拖动，调整红色通道的颜色曲线，如图5.76所示。

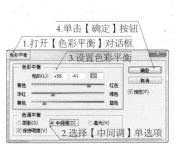
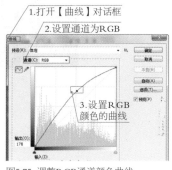
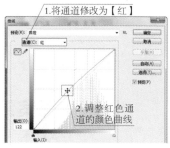

图5.74 调整天空的色彩平衡　　　　图5.75 调整RGB通道颜色曲线　　　　图5.76 调整红色通道的颜色曲线

08 此时将通道修改为【蓝】，再使用鼠标按住颜色曲线并拖动，调整蓝色通道的颜色曲线，接着单击【确定】按钮关闭对话框，如图5.77所示。

09 此时在工具箱中选择【多边形套索工具】，然后使用默认的工具选项，接着从相片的房子倒影开始拖出多个选框直线段，将房子和房子倒影选择，如图5.78所示。

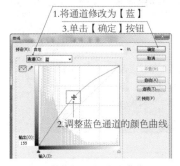

图5.77 调整蓝色通道的颜色曲线　　　　图5.78 选择到房子和房子倒影

10 选择【图像】||【调整】||【色彩/饱和度】命令，打开对话框后设置全图的色相为"−9"，接着单击【确定】按钮，如图5.79所示。

11 选择【图像】||【调整】||【色彩平衡】命令，打开【色彩平衡】对话框后，选择【中间调】单选项并设置色彩平衡选项，最后单击【确定】按钮，如图5.80所示。

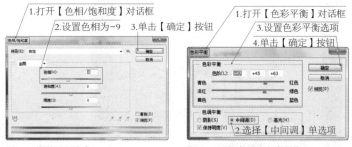

图5.79 调整选区色相　　　　图5.80 调整房子的色彩平衡

12 完成上述处理后，按下Ctrl+D组合键取消选择。调整相片的结果如图5.81所示。

图5.81 利用选区调整相片的结果

5.4.2 制作图案纹理文字效果

本例将制作带有图案文理的文字效果。在本例的操作中，首先将文字内部的区域选择，然后将准备好的图案素材复制并贴入选区，再对贴入的图案进行颜色调整，即可制作出漂亮的文字效果。

制作图案纹理文字效果的操作步骤如下（练习文件:..\Example\Ch05\5.4.2.psd、5.4.2.jpg）。

01 打开PSD格式的练习文件，然后在工具箱中选择【魔棒工具】，并在选项栏中设置容差为200，接着在图像数字上单击，选区数字内部区域，如图5.82所示。

02 此时在选项栏中按下【添加到选区】按钮，然后在文本其他数字上单击，选择到2012数字及其图案的内部区域，如图5.83所示。

1.选择魔棒工具

图5.82 创建新选区

1.按下【添加到选区】按钮

图5.83 添加到选区

03 打开JPG格式的素材文件，然后按下Ctrl+A组合键选区整个素材，再选择【编辑】|【拷贝】命令，复制选区中的素材，如图5.84所示。

04 返回PSD格式的练习文件的文件窗口，然后选择【编辑】|【选择性粘贴】|【贴入】命令，或者按下Alt+Shift+Ctrl+V组合键，将上步骤选择的素材贴入到选区内，选区外的区域不会被粘贴内容，如图5.85所示。

图5.84 选择图案素材　　　　　　　　　　　　　　　　图5.85 将素材贴入选区内

05 此时在工具箱中选择【移动工具】，然后在选区内按住贴入的素材移动，调整素材的位置，如图5.86所示。

06 选择【图像】|【调整】|【色彩/饱和度】命令，打开对话框后设置全图的色相为148，接着单击【确定】按钮，如图5.87所示。

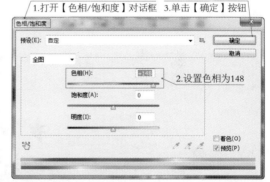

图5.86 调整选区素材的位置　　　　　　　　　　　　　图5.87 调整选区素材的色相

07 此时可以通过文件窗口查看添加图案的文本效果，如图5.88所示。

图5.88 制作带图案纹理的文字的结果

137

5.5 小结与思考

本章主要介绍了使用各种工具和不同功能创建选区、调整选区和存储选区，并利用选区选择图像的方法，其中包括使用各种工具选择素材、通过相近色彩范围选择素材、修改和变换选区、使用蒙版和Alpha通道创建选区、存储和载入选区等内容。

思考与练习

（1）思考

① 在使用矩形选框工具或椭圆选区工具时，按住哪个键拖动可将选框限制为方形或圆形？如果要从选框的中心拖动它，那么需要在开始拖动之后按住哪个键？

② 移动选区边界的含义是什么？它与移动选区本身有什么区别？

（2）练习

本章练习题要求使用为练习文件的【通道】面板，将Alpha 1通道作为选区载入，然后通过【色相/饱和度】命令，调整选区图案的颜色效果，制作出如图5.89所示的效果。（练习文件：..\Example\Ch05\5.5.psd）

图5.89 载入选区并调整选区色相的结果

Photoshop的绘画与绘图

Adobe Photoshop提供多个用于绘制和编辑图像颜色的工具以及创建矢量形状和路径的工具。使用这些工具，用户可以在图像上轻松绘画和绘图。例如使用绘画工具绘制油墨派画廊、将图像处理成水彩画，或者使用绘图工具绘制徽标图形、创建各种形状的路径等。

Chapter

6

6.1 使用工具进行绘画

学习内容： 图像编辑的基础知识。

学习目的： 了解位图图像与矢量图形的差别、图像大小与分辨率的关系，以及颜色通道和位深度的作用。

学习备注： 掌握图像基础知识，对后续图像编辑有重要的指导作用。

本节将介绍绘画工具、画笔预设，以及使用绘画工具对图像进行绘画等内容。

6.1.1 关于绘画工具

Photoshop提供多个用于绘制和编辑图像颜色的工具，这些工具都放置在工具箱中，如图6.1所示。

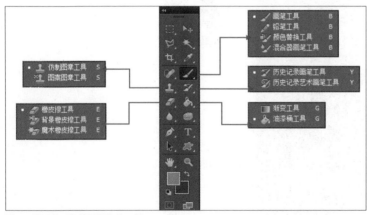

图6.1 用于绘画和编辑颜色的工具

绘画工具的简述如下：

画笔工具：可绘制画笔描边。

铅笔工具：可绘制硬边描边。

颜色替换工具：可将选定颜色替换为新颜色。

混合器画笔工具：可模拟真实的绘画技术（例如混合画布颜色和使用不同的绘画湿度）。

历史记录画笔工具：可将选定状态或快照的副本绘制到当前图像窗口中。

历史记录艺术画笔工具：可使用选定状态或快照，采用模拟不同绘画风格的风格化描边进行绘画。

渐变工具：可创建直线形、放射形、斜角形、反射形和菱形的颜色混合效果。

油漆桶工具：可使用前景色填充着色相近的区域。

仿制图章工具：可利用图像的样本来绘画。

图案图章工具：可使用图像的一部分作为图案来绘画。

橡皮擦工具：可抹除像素并将图像的局部恢复到以前存储的状态。

背景橡皮擦工具：可通过拖动将区域擦抹为透明区域。

魔术橡皮擦工具：只需单击一次即可将纯色区域擦抹为透明区域。

6.1.2 画笔预设与选项

在每种绘画工具的选项栏中，用户可以设置对图像应用颜色的方式，并可从画笔预设中选取笔尖。

1.画笔预设

用户可以快速从选项栏的【画笔预设】选取器中选择预设的笔尖，也可以临时修改画笔预设的大小和硬度，如图6.2所示。当要将自定画笔笔尖特性与选项栏中的设置（如不透明度、流量和颜色）一起存储时，将存储成工具预设。

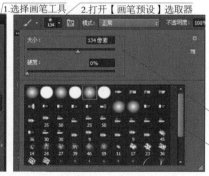

注意：Photoshop包含若干样本画笔预设。用户可以从这些选择画笔预设开始，对其进行修改以产生新的效果。另外，用户还可以通过Web下载很多原始画笔预设。

4.设置画笔笔尖的大小和硬度

3.选择画笔预设

图6.2 通过【画笔预设】选取器选择和设置笔尖

2.笔尖选项

画笔笔尖选项与选项栏中的设置一起控制应用颜色的方式。用户可以以渐变方式、使用柔和边缘、使用较大画笔描边、使用各种动态画笔、使用不同的混合属性并使用形状不同的画笔来应用颜色。用户可以使用画笔描边来应用纹理以模拟在画布或美术纸上进行绘画，也可以使用喷枪来模拟喷色绘画。要实现上述的设置，用户可以使用【画笔】面板设置画笔笔尖选项，如图6.3所示。

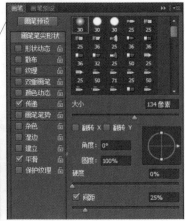

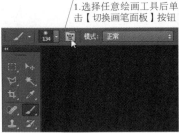

2.打开的【画笔】面板

1.选择任意绘画工具后单击【切换画笔面板】按钮

图6.3 打开【画笔】面板

注意 如果用户使用的是绘图板，则可以通过钢笔压力、角度、旋转或光笔轮来控制应用颜色的方式。因此，用户可以通过在【画笔】面板和选项栏中设置绘图板的选项。

3.工具选项

在使用绘画工具前，用户可以在选项栏中设置下列选项。每个工具对应可用选项不同。

模式：设置如何将绘画的颜色与下面的现有像素混合的方法。可用模式将根据当前选定工具的不同而变化。

不透明度：设置应用的颜色的透明度。在某个区域上方进行绘画时，在释放鼠标按钮之前，无论将指针移动到该区域上方多少次，不透明度都不会超出设定的级别。如果再次在该区域上方描边，则将会再应用与设置的不透明度相当的其他颜色。

流量：设置当将指针移动到某个区域上方时应用颜色的速率。在某个区域上方进行绘画时，如果一直按住鼠标按钮，颜色量将根据流动速率增大，直至达到不透明度设置。

喷枪 : 使用喷枪模拟绘画。将指针移动到某个区域上方时，如果按住鼠标按钮，颜料量将会增加。画笔硬度、不透明度和流量选项可以控制应用颜料的速度和数量。

自动抹除（仅限铅笔工具）：在包含前景色的区域上方绘制背景色。选择要抹除的前景色和要更改为的背景色。

绘图板压力按钮（ 和 ）：使用光笔压力可覆盖【画笔】面板中的不透明度和大小设置。

6.1.3 使用画笔和铅笔绘画

【画笔工具】和【铅笔工具】可在图像上绘制当前的前景色。【画笔工具】可以创建颜色的柔描边，【铅笔工具】可以创建硬边直线。

使用画笔和铅笔绘画的操作步骤如下（练习文件：..\Example\Ch06\6.1.3.psd）。

01 打开练习文件，然后在工具箱中设置前景色为【黑色】。

02 在工具箱中选择【画笔工具】，再从【画笔预设】面板中选择画笔，并设置大小和硬度，接着设置模式、不透明度等工具选项，如图6.4所示。

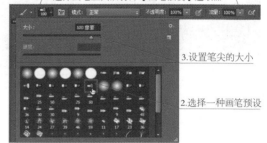

4.设置其他工具选项
1.选择画笔工具后打开【画笔预设】选取器
3.设置笔尖的大小
2.选择一种画笔预设

图6.4 选择画笔工具并设置画笔

03 此时可以在文件窗口中看到画笔的缩图，单击缩图可以拉选显示画笔和显示画笔的笔尖，如图6.5所示。

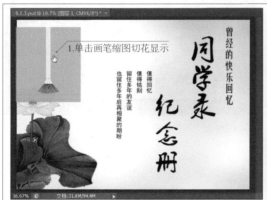
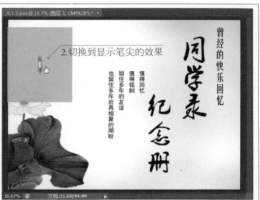

1.单击画笔缩图切花显示
2.切换到显示笔尖的效果

图6.5 切换画笔缩图显示

04 此时可以执行下列一个或多个操作：
在图像中按住鼠标并拖动即可绘画，如图6.6所示。
在将画笔工具用作喷枪时，按住鼠标按钮（不拖动）可增大颜色量。

技巧 要绘制直线，可以在图像中单击起点，然后按住Shift键并单击终点。

1.按住鼠标并拖动绘画

2.绘画过程中，画笔缩图会以动态的方式显示压力和移动

图6.6 使用画笔工具绘画

05 在工具箱中选择【铅笔工具】 ✏，打开【画笔预设】选取器，再选择一种画笔笔尖，如图6.7所示。

06 打开【画笔】面板，然后选择【散布】复选框，接着在面板上设置画笔散布属性，如图6.8所示。

1.选择铅笔工具后打开【画笔预设】选取器

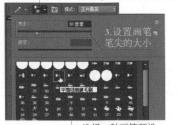

3.设置画笔笔尖的大小

2.选择一种画笔预设

图6.7 选择铅笔工具并选择画笔预设

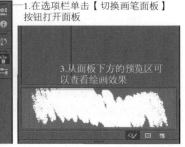

1.在选项栏单击【切换画笔面板】按钮打开面板

2.选择【散布】选项并设置相关属性

3.从面板下方的预览区可以查看绘画效果

图6.8 为画笔应用散布属性

07 此时在选项栏中设置不透明度为30%，然后在图像右侧从垂直方向往下绘画，如图6.9所示。

1.设置不透明度

2.在图像上绘画

图6.9 使用铅笔工具绘画

6.1.4 使用混合器画笔绘画

【混合器画笔工具】 ✏ 可以模拟真实的绘画技术，如混合画布上的颜色、组合画笔上的颜色以及在描边过程中使用不同的绘画湿度。

混合器画笔有两个绘画色管（一个储槽和一个拾取器）。储槽存储最终应用于画布的颜色，并且具有较多的油彩容量。拾取色管接收来自画布的油彩，其内容与画布颜色是连续混合的，如图6.10所示。

使用混合器画笔绘画的操作步骤如下（练习文件：..\Example\Ch06\6.1.4.jpg）

2.储槽用于存储颜色并应用到画布上

1.拾取器可以接受来自画布的色彩

图6.10 混合器画笔的两个绘画色管

01 打开练习文件，然后在工具箱中选择【混合器画笔工具】。

02 要将油彩载入储槽，可以按住Alt键的同时单击画布，如图6.11所示。或者，通过工具箱的色块选择前景色。

03 从【画笔预设】选取器中选取画笔，接着在选项栏中，设置下列工具选项，如图6.12所示。

当前画笔载入色板：从下拉列表框中选择选项。选择【载入画笔】选项可以使用储槽颜色填充画笔；选择【清理画笔】选项可以移去画笔中的油彩。

要在每次描边后执行这些任务，可以选择【每次描边后载入画笔】或【每次描边后清理画笔】选项。

【预设】菜单应用流行的"潮湿"、"载入"和"混合"设置组合。

潮湿：控制画笔从画布拾取的油彩量。较高的设置会产生较长的绘画条痕。

载入：指定储槽中载入的油彩量。载入速率较低时，绘画描边干燥的速度会更快。

混合：控制画布油彩量同储槽油彩量的比例。比例为100%时，所有油彩将从画布中拾取；比例为0%时，所有油彩都来自储槽。

对所有图层取样：拾取所有可见图层中的画布颜色。

图6.11 将油彩载入储槽

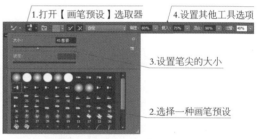

图6.12 设置画笔和工具选项

技巧 从画布载入油彩时，画笔笔尖可以反映出取样区域中的任何颜色变化。如果希望画笔笔尖的颜色均匀，可以从选项栏的【当前画笔载入】下拉列表框中选择【只载入纯色】选项。

04 设置完成后，即可执行下列一个或多个操作：

在图像中拖移可进行绘画，如图6.13所示。要绘制直线，可在图像中单击起点，然后按住Shift键并单击终点。

在将画笔工具用作喷枪时，按住鼠标按钮（不拖动）可增大颜色量。

图6.13 在图像上绘画

6.1.5 使用图案图章
进行绘画

【图案图章工具】![]可让用户使用图案对图像进行绘画。用户可以从图案库中选择图案或者自己创建图案。

使用图案图章进行绘画的操作步骤如下（练习文件：..\Example\Ch06\6.1.5.psd）。

01 打开练习文件，在工具箱中选择【图案图章工具】![]。

02 从【画笔预设】选取器中选择画笔，并设置画笔的大小，接着在选项栏中设置模式、不透明度等的工具选项，如图6.14所示。如果要应用具有印象派效果的图案，可以选择【印象派效果】复选框。

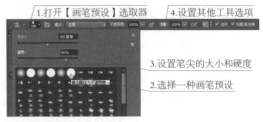

图6.14 设置画笔和其他选项

> **注意**
>
> 在选项栏中选择【对齐】复选框，可以保持图案与原始起点的连续性，即使释放鼠标按钮并继续绘画也不例外。取消选择【对齐】复选框，可在每次停止并开始绘画时重新启动图案。

03 在选项栏的【图案】弹出式面板中，通过面板菜单以追加的方式载入【图案】类型的图案预设样式，如图6.15所示。

04 载入图案后，在【图案】面板中选择一种图案，再选择【背景】图层，然后再在图像中拖动以使用选定图案进行绘画，如图6.16所示。

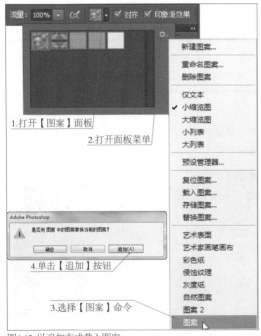

图6.15 以追加方式载入图案

图6.16 选择图案并绘画

6.1.6 使用历史记录艺术画笔进行绘画

【历史记录艺术画笔工具】 使用指定历史记录状态或快照中的源数据，以风格化描边进行绘画。通过尝试使用不同的绘画样式、大小和容差选项，可以用不同的色彩和艺术风格模拟绘画的纹理。

使用历史记录艺术画笔进行绘画的操作步骤如下（练习文件：..\Example\Ch06\6.1.6.psd）。

01 打开练习文件，然后通过【路径】面板载入选区，再按下Shift+F5组合键打开【填充】对话框，并设置填充颜色为【白色】，如图6.17所示。此步骤的目的是方便后续以填充记录作为历史记录艺术画笔工具的来源。

02 在【历史记录】面板中，单击状态或快照的左列，将该列用作历史记录艺术画笔工具的源。源历史记录状态旁出现画笔图标，如图6.18所示。

图6.17 载入选区并填充白色

图6.18 设置工具来源

03 选择【历史记录艺术画笔工具】 ，然后在选项栏中执行下列操作，如图6.19所示。

从【画笔预设】选取器中选择一种画笔，并设置画笔选项。

从【模式】菜单中选取混合模式。

从【样式】菜单中选取选项来控制绘画描边的形状。

对于【区域】选项，输入值来指定绘画描边所覆盖的区域。区域越大，覆盖的区域就越大，描边的数量也就越多。

对于【容差】选项，输入值以限定可应用绘画描边的区域。低容差可用于在图像中的任何地方绘制无数条描边；高容差将绘画描边限定在与源状态或快照中的颜色明显不同的区域。

图6.19 选择画笔并设置选项

04 在图像中的心形形状边缘单击并拖动以绘画，如图6.20所示。

2.绘画的结果

1.在图形边缘单击并拖动以绘画

图6.20 绘画

6.2 填充、渐变和描边

学习内容：填充颜色和图案、填充渐变和添加描边。

学习目的：掌握使用油漆桶工具填充颜色或图案、使用渐变工具填充渐变，以及为图层或选区添加描边的方法。

学习备注：适当应用填充、渐变和描边，可让图像有更丰富的效果。

在Photoshop中，用户可以使用颜色或图案填充选区、路径或图层内部，也可以向选区或路径的轮廓添加颜色，即描边。

6.2.1 使用油漆桶工具填充

使用【油漆桶工具】 可以填充颜色与图案。但需要注意，该工具不能用于位图模式的图像。

使用油漆桶填充图像的操作步骤如下（练习文件：..\Example\Ch06\6.2.1.jpg）。

01 打开练习文件，在工具箱中设置一种前景色，如图6.21所示。

02 在工具箱中选择【油漆桶工具】 ，然后在选项栏中指定是用前景色还是用图案填充选区，接着设置下列选项，如图6.22所示。

设置绘画的混合模式和不透明度。

输入填充的容差。

要平滑填充选区的边缘，可以选择【消除锯齿】复选框。

要仅填充与所单击像素邻近的像素，可以选择【连续的】复选框。不选则填充图像中的所有相似像素。

要基于所有可见图层中的合并颜色数据填充像素，可以选择【所有图层】复选框。

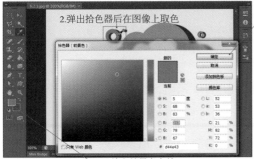

图6.21 设置前景色

图6.22 选择工具并设置选项

03 此时在文件窗口中单击要填充的图像部分，即可使用前景色填充指定容差内的所有指定像素，如图6.23所示。

图6.23 填充颜色

04 除了填充图像容差内的像素外，【油漆桶工具】还可以填充选区。例如使用【魔棒工具】在图像上创建选区，然后使用【油漆桶工具】在选区内填充指定图案，如图6.24所示。

图6.24 为选区填充图案

注意 容差用于定义一个颜色相似度（相对于用户填充时单击的像素），一个像素必须达到此颜色相似度才会被填充。值的范围可以从0到255。低容差会填充颜色值范围内与所单击像素非常相似的像素。高容差则填充更大范围内的像素。

6.2.2 使用渐变工具填充

【渐变工具】▣可以创建多种颜色间的逐渐混合。用户可以从预设渐变填充中选择或创建自己的渐变，然后通过在图像中拖动用渐变填充区域。

技巧 起点（按下鼠标处）和终点（松开鼠标处）会影响渐变外观，具体取决于所使用的【渐变工具】。

使用渐变工具填充的操作步骤如下（练习文件：..\Example\Ch06\6.2.2.psd）。

01 打开练习文件，如果要填充图像的一部分，先选择要填充的区域。否则，渐变填充将应用于整个现用图层。例如本例在按住Ctrl键的同时单击【经典力作】图层的缩图，载入该图层的选区，以便后续在选区内填充渐变，如图6.25所示。

02 在工具箱中选择【渐变工具】▣，然后在选项栏中使用下列方法选择渐变填充：
单击渐变样本旁边的三角形以挑选预设渐变填充，如图6.26所示。

1.打开【图层】面板

2.按住Ctrl键单击图层缩图

3.载入图层选区的结果

图6.25 载入图层选区

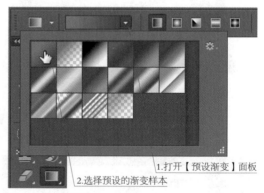

1.打开【预设渐变】面板

2.选择预设的渐变样本

图6.26 选择预设渐变

单击渐变样本图示，打开【渐变编辑器】对话框，再选择预设渐变填充，或通过设置颜色色标的颜色创建新的渐变填充，如图6.27所示。

当需要为色标设置不透明度，可以选择不透明度色标，然后设置不透明度，如图6.28所示。

图6.27 创建新的渐变填充

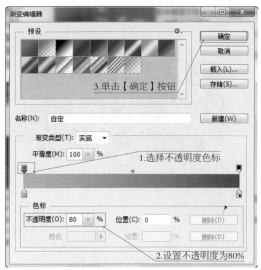

图6.28 设置颜色不透明度

技巧 在【渐变编辑器】对话框中，当设置了渐变颜色后，可以在【名称】文本框中输入名称，然后单击【新建】按钮，将当前设置定义为新的渐变样本，如图6.29所示。

03 在选项栏中选择应用渐变填充类型的选项。

线性渐变■：以直线从起点渐变到终点。

径向渐变■：以圆形图案从起点渐变到终点。

角度渐变■：围绕起点以逆时针扫描方式渐变。

对称渐变■：使用均衡的线性渐变在起点的任一侧渐变。

菱形渐变■：以菱形方式从起点向外渐变，终点定义菱形的一个角。

04 继续在选项栏中执行下列操作，如图6.30所示：

指定绘画的混合模式和不透明度。

要反转渐变填充中的颜色顺序，可以选择【反向】复选框。

要用较小的带宽创建较平滑的混合，可以选择【仿色】复选框。

要对渐变填充使用透明蒙版，可以选择【透明区域】复选框。

图6.29 新建渐变杨色样本

图6.30 设置渐变工具的选项

技巧 要将填充渐变的线条角度限定为45°的倍数，可以按住Shift键后拖动鼠标执行填充。

05 此时将指针定位在图像中要设置为渐变起点的位置，然后拖动以定义终点，即可填充渐变颜色，如图6.31所示。

1.在选区上从上往下拖动鼠标填充渐变颜色　　　　2.按下Ctrl+D组合键取消选择

图6.31 填充渐变颜色

用颜色给选区或图层描边

在Photoshop中，用户可以使用【描边】命令在选区、路径或图层周围绘制彩色边框。按此方法创建的边框会变成当前图层的栅格化部分。

用颜色给选区或图层描边的操作步骤如下（练习文件：..\Example\Ch06\6.2.3.psd）。

01 打开练习文件，通过工具箱选择一种前景色，如图6.32所示。

02 选择要描边的区域或图层，本例选择【新产品】图层，如图6.33所示。

图6.32 设置前景色

图6.33 选择图层

03 选择【编辑】|【描边】命令，打开【描边】对话框，在其中设置下列选项，如图6.34所示：

指定描边边框的宽度。

对于【位置】选项，指定是在选区或图层边界的内部、外部还是中心放置边框。

指定不透明度和混合模式。

如果正在图层中工作，而且只需要对包含像素的区域进行描边，可以选择【保留透明区域】复选框。

04 完成上述设置后，单击【确定】按钮，即可执行描边处理，结果如图6.35所示。

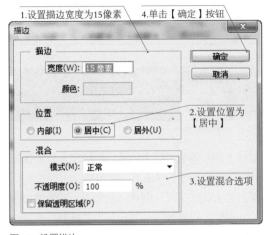

1.设置描边宽度为15像素　　4.单击【确定】按钮

2.设置位置为【居中】

3.设置混合选项

图6.34 设置描边

图6.35 为图层添加描边的结果

6.3 使用工具进行绘图

学习内容： 使用工具绘制形状。

学习目的： 掌握使用形状工具绘图、钢笔工具绘图，以及修改图层当前形状的方法。

学习备注： 用户绘制形状、路径和像素图形。

Photoshop中的绘图包括创建矢量形状和路径。在Photoshop中，用户可以使用任何形状工具、钢笔工具或自由钢笔工具进行绘图。

6.3.1 关于绘图

　　Photoshop中的绘图包括创建矢量形状和路径，因此在Photoshop中开始进行绘图前，必须从选项栏中选择绘图模式。绘图模式将决定是在自身图层上创建矢量形状，还是在现有图层上创建工作路径，或是在现有图层上创建栅格化形状，如图6.36所示。

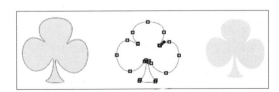

图6.36 不同绘图模式绘图的结果

注意	矢量形状是使用形状或钢笔工具绘制的直线和曲线。路径是可以转换为选区或者使用颜色填充和描边的轮廓。通过编辑路径的锚点，用户可以很方便地改变路径的形状。工作路径是出现在【路径】面板中的临时路径，用于定义形状的轮廓。

在Photoshop中，绘图模式有3种，当在选定形状或钢笔工具时，用户可通过选择【绘图模式】列表框来选择一种模式，如图6.37所示。

图6.37 设置绘图模式

形状：在单独的图层中创建形状。用户可以使用形状工具或钢笔工具来创建形状图层，以方便地移动、对齐、分布形状图层以及调整其大小，所以形状图层非常适于为Web页创建图形。

路径：在当前图层中绘制一个工作路径，可随后使用它来创建选区、创建矢量蒙版，或者使用颜色填充和描边以创建栅格图形（即图像中的像素）。除非存储工作路径，否则使用形状或钢笔工具绘制的路径只是一个临时路径，并出现在【路径】面板中。

像素：直接在图层上绘制，与绘画工具的功能非常类似。在此模式中工作时，创建的是栅格图像，而不是矢量图形。用户可以像处理任何栅格图像一样来处理绘制的形状（在此模式中只能使用形状工具，不能使用钢笔工具）。

6.3.2 使用形状工具绘图

Photoshop为了方便用户绘制出各种图形，分别提供了矩形工具■、圆角矩形工具■、椭圆形工具■、多边形工具■、直线工具■和自定形状工具■6种绘图工具，它们的使用方法都非常简单，只要选择到某个形状工具，然后通过选项栏设置属性，接着在图像中拖动即可绘图。

使用形状工具绘图的操作步骤如下（练习文件：..\Example\Ch06\6.3.2.psd）。

01 打开练习文件，在工具箱中选择一个形状工具，例如选择【圆角矩形工具】■。

02 在选项栏中选择【形状图层】选项，然后打开【填充】选项面板，选择形状的填充方式（可以无颜色、纯色、渐变或图案）。

如果是使用纯色填充方式，可以在【色板】框中选择颜色，如图6.38所示。

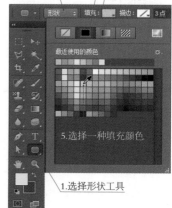

4.选择【纯色】填充方式
3.打开【填充】选项面板
2.设置绘图模式
5.选择一种填充颜色
1.选择形状工具

图6.38 设置纯色填充

如果是使用渐变填充方式，可以在【渐变】框中选择预设的渐变，或者通过渐变样本色调重新定义渐变色标的颜色，如图6.39所示。

如果是使用图案填充方式，可以在【图案】框中选择预设的图案，如图6.40所示。

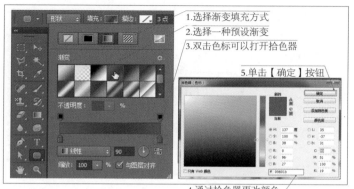

图6.39 设置渐变填充

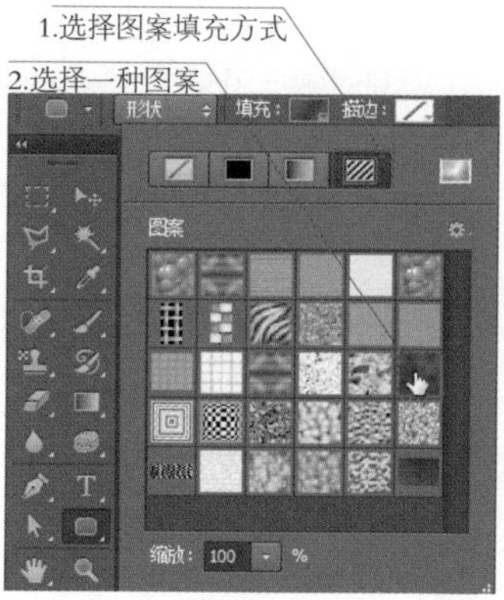

图6.40 设置图案填充

03 在选项栏中设置其他工具选项。例如描边的颜色和大小、形状描边类型、路径操作■、路径对齐方式■、路径排列方式■、半径等，如图6.41所示。

图6.41 设置工具选项

04 完成设置后，即可在图像中拖动以绘制形状，如图6.42所示。

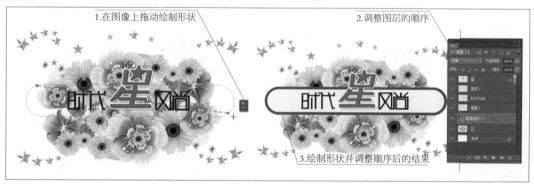

图6.42 绘制形状

技巧　要将矩形或圆角矩形约束成方形、将椭圆约束成圆或将线条角度限制为45°角的倍数，可以按住Shift键绘图。

要从中心向外绘制，可以将指针放置到形状中心所需的位置，然后按下Alt键并沿对角线拖动到任何角或边缘，直到形状已达到所需大小。

6.3.3 修改图层当前形状

在Photoshop中，用户可以在图层中绘制单独的形状，或者使用"合并"、"减去"、"相交"或"排除"的方式来修改图层中的当前形状。

修改图层当前形状的操作步骤如下（练习文件：..\Example\Ch06\6.3.3.psd）。

01 打开练习文件，再打开【图层】面板，选择要修改形状的图层，如图6.43所示。

2.选择要修改形状的图层
1.打开【图层】面板

图6.43 选择要修改形状的图层

02 选择形状工具，并设置特定于形状工具的选项（请参阅6.3.2节关于形状工具选项设置的内容）。

03 在选项栏中打开【路径操作】列表框，然后选择下列选项之一（本例选择如图6.44所示）。

合并形状▢：将新的形状添加到现有形状或路径中。

减去顶层形状▣：将重叠形状区域从现有形状或路径中减去。

与形状区域相交▣：将形状区域限制为新区域与现有形状或路径的交叉区域。

排除重叠形状▣：从新形状区域和现有形状区域的合并区域中排除重叠形状。

04 完成上述设置后即可在图像中绘图，如图6.45所示。

1.打开【路径操作】列表框

2.选择【合并形状】选项

图6.44 选择路径操作方式

图6.45 修改形状的结果

6.3.4 使用自定形状工具绘图

【自定形状工具】提供了许多种不同类型的预设形状，包括"Web、动物、箭头、拼贴、符号、画框、横幅"等17个类别。在默认状态下，只提供了少数几种预设形状，用户可以通过【形状】选项面板的面板菜单载入选定类型的形状，也可以一次将全部预设的形状载入，如图6.46所示。

使用自定形状工具绘图的操作步骤如下（练习文件：..\Example\Ch06\6.3.4.psd）。

01 打开练习文件，在工具箱中选择【自定形状工具】 ，并设置特定于形状工具的选项（请参阅6.3.2节关于形状工具选项设置的内容），如图6.47所示。

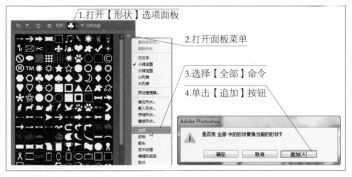

图6.46 载入全部预设形状

图6.47 选择工具并设置选项

02 打开【形状】选项面板，将全部形状以追加的方式载入，然后从面板中选择一种形状，如图6.48所示。

03 完成上述设置即可在图像中绘图，如图6.49所示。

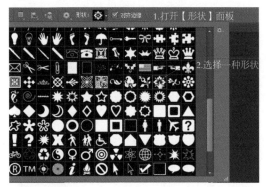

图6.48 选择形状

图6.49 绘制自定形状

| 技巧 | 如果想将绘制的形状存储为自定形状，可以在【路径】面板中选择路径（可以是形状图层的矢量蒙版，也可以是工作路径或存储的路径），然后选择【编辑】｜【定义自定形状】命令，接着在【形状名称】对话框中输入新自定形状的名称即可，如图6.50所示。 |

图6.50 定义自定形状

6.3.5 使用钢笔工具绘图

Photoshop提供多种钢笔工具及功能绘图。

钢笔工具 ：可用于绘制具有最高精度的路径或形状。

自由钢笔工具 ：可用于像使用铅笔在纸上绘图一样来绘制路径。

自由钢笔工具【磁性的】选项 磁性的：可用于绘制与图像中已定义区域的边缘对齐的路径。

添加锚点工具 ：单击线段时添加锚点。

删除锚点工具 ：在单击锚点时删除锚点。

转换点工具 ：对线段锚点进行平滑点和角点之间切换。

1.使用钢笔工具绘图

使用【钢笔工具】 可以绘制的最简单路径是直线，方法是通过单击【钢笔工具】 创建两个锚点，即可构成一个直线段，继续单击可创建由角点连接的直线段组成的路径或形状。

此外，【钢笔工具】 可以绘制曲线段，用户只需在绘图过程中，在曲线改变方向的位置添加一个锚点，然后拖动构成曲线形状的方向线即可。

使用钢笔工具绘图的操作步骤如下（练习文件：..\Example\Ch06\6.3.5a.psd）。

01 打开练习文件，再选择【钢笔工具】 。

02 在选项工具栏中设置绘图模式，例如本例设置绘图模式为【形状】，接着设置其他工具属性，如图6.51所示。

2.设置绘图模式　　3.设置工具选项

1.选择钢笔工具

图6.51 选择钢笔工具并设置选项

03 将【钢笔工具】 定位到所需的直线段起点并单击，以定义第一个锚点（不要拖动），如图6.52所示。在单击定义第二个锚点前，绘制的第一个线段将不可见。

04 再次单击希望段结束的位置（按Shift键并单击以将段的角度限制为45°的倍数）。此时第一个线段即显示出来。由于定义锚点时是单击并没有拖动，因此绘制出的是直线段，如图6.53所示。

图6.52 单击定义第一个锚点

图6.53 定义第二个锚点后显示第一个线段

05 继续单击可以为其他直线段设置锚点。最后添加的锚点总是显示为实心方形，表示已选中状态。当添加更多的锚点时，以前定义的锚点会变成空心并被取消选择，如图6.54所示。

1.最后添加的锚点显示为实心方形

2.以前定义的锚点变成空心方形

图6.54 定义其他线段的锚点

06 当需要绘制曲线段时，在定义到曲线的起点锚点后，再单击图像定义平滑点。注意，此时在单击后按住鼠标不放，然后拖动（同时钢笔工具指针变为一个箭头）。拖动是用以设置要创建的曲线段的斜度，当斜度合适时松开鼠标即可定义到平滑点，最后定位到希望曲线段结束的位置单击即可创建一个曲线段，如图6.55所示。

1.单击后拖动
定义平滑点

2.再次单击或单击
后拖动即可绘制
出曲线段

图6.55 绘制曲线段

技巧

若要创建C形曲线，可以向前一条方向线的相反方向拖动，然后松开鼠标。若要创建S形曲线，可以按照与前一条方向线相同的方向拖动，然后松开鼠标，如图6.56所示。

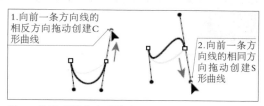

1.向前一条方向线的相反方向拖动创建C形曲线

2.向前一条方向线的相同方向拖动创建S形曲线

图6.56 绘制C形曲线或S形曲线

07 使用上述方法，绘制其他直线段或曲线段的绘制。

08 需要闭合路径时，可以将【钢笔工具】 定位到第一个锚点（空心）上。如果放置的位置正确，【钢笔工具】指针旁将出现一个小圆圈，此时单击或拖动可闭合路径，如图6.57所示。

图6.57 闭合路径完成绘图

| 技巧 | 若要保持路径开放，可以按住Ctrl键并单击远离所有对象的任何位置。 |

2.使用自由钢笔工具绘图

【自由钢笔工具】 可用于随意绘图，就像用铅笔在纸上绘图一样。使用此工具绘图时，将自动添加锚点，用户无需确定锚点的位置。当完成路径后，用户可以对锚点进一步对其进行调整。

使用自由钢笔工具绘图的操作步骤如下（练习文件：..\Example\Ch06\6.3.5b.psd）。

01 打开练习文件，选择【自由钢笔工具】 ，然后在选项栏中设置绘图模式和其他工具选项，如图6.58所示。

图6.58 选择自由钢笔工具并设置选项

| 技巧 | 如果使用【自由钢笔工具】绘制与图像中定义区域的边缘对齐的路径，可以选择【磁性的】复选框，以定义对齐方式的范围和灵敏度，以及所绘路径的复杂程度。 |

02 当需要绘图时，只需在图像中拖动指针。在拖动时，会有一条路径尾随指针，当释放鼠标后，工作路径即创建完毕，如图6.59所示。

03 如果要继续创建现有手绘路径，可以将钢笔指针定位在路径的一个端点，然后拖动。当绘制完成路径时，释放鼠标即可。

04 如果要创建闭合路径，可以将直线拖动到路径的初始点（当它对齐时会在指针旁出现一个圆圈），如图6.60所示。

| 技巧 | 如果使用【自由钢笔工具】绘制与图像中定义区域的边缘对齐的路径，可以选择【磁性的】复选框，以定义对齐方式的范围和灵敏度，以及所绘路径的复杂程度。 |

图6.59 使用自由钢笔工具绘图

图6.60 使用自由钢笔工具绘制闭合路径

6.4 编辑和管理路径

学习内容： 路径概述、编辑和管理路径。

学习目的： 了解路径的构成和组件，掌握选择路径并修改路径的方法、掌握管理与存储路径的方法。

学习备注： 在图像设计中，路径与选区的互换是常用的技巧。

在绘图过程中，如果形状或路径未完全复合要求，用户可以使用路径选择工具、直接选择工具、转换点工具等工具来修改路径。使用形状工具和钢笔工具绘制的形状或路径，都会在【路径】面板中显示，用户可以通过【路径】面板管理这些路径。

6.4.1 路径段、组件和点

路径由一个或多个直线段或曲线段组成，锚点标记路径段的端点。在曲线段上，每个选中的锚点显示一条或两条方向线，方向线以方向点结束。方向线和方向点的位置决定曲线段的大小和形状。图6.61所示为曲线路径。

路径可以是闭合的，没有起点或终点（如圆圈）；也可以是开放的，有明显的端点（如波浪线）。平滑曲线由称为平滑点的锚点连接，锐化曲线路径由角点连接，如图6.62所示。

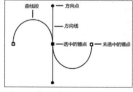
图6.61 曲线路径

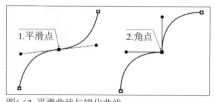
图6.62 平滑曲线与锐化曲线

当在平滑点上移动方向线时，将同时调整平滑点两侧的曲线段；而在角点上移动方向线时，只调整与方向线同侧的曲线段，如图6.63所示。

路径不必是由一系列段连接起来的一个整体，它可以包含多个彼此完全不同而且相互独立的路径组件。形状图层中的每个形状都是一个路径组件，如图6.64所示。

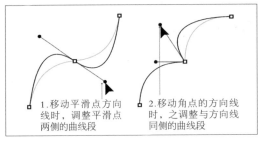

图6.63 移动方向线　　　　　　　　　　　　　　　　图6.64 形状图层中的每个形状都是一个路径组件

6.4.2 路径的选择与调整

1.选择路径

选择路径组件或路径段将显示选中部分的所有锚点，包括全部的方向线和方向点（如果选中的是曲线段）。方向点显示为实心圆，选中的锚点显示为实心方形，而未选中的锚点显示为空心方形。

要选择路径组件（包括形状图层中的形状路径），可以在工具箱中选择【路径选择工具】 ，并单击路径组件中的任何位置即可，如图6.65所示。如果路径由几个路径组件组成，则只有指针所指的路径组件被选中。

要选择路径段，可以选择【直接选择工具】 ，并单击段上的某个锚点，或在段的一部分上拖动选框，如图6.66所示。

图6.65 选择路径　　　　　　　　　　　　　　　　图6.66 选择路径的锚点

要选择同一个图层的其他路径组件或段，可以选择【路径选择工具】 ![] 或【直接选择工具】 ![] ，然后按住Shift键并选择其他的路径或段，如图6.67所示。

当选择到路径后，无论使用【路径选择工具】 ![] 或【直接选择工具】 ![] ，只要按住路径段并拖动，即可移动路径，如图6.68所示。

图6.67 选择其他路径组件

图6.68 移动路径

技巧 | 当选中【直接选择工具】时，按住Alt键并在路径内单击，可以选择整条路径或路径组件。

2.调整路径

（1）调整直线段的长度或角度

使用【直接选择工具】 ![] ，在要调整的线段上选择一个锚点，然后将锚点拖动到所需的位置，如图6.69所示。按住Shift键拖动可将调整限制为45°的倍数。

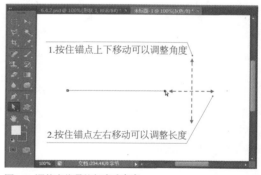

图6.69 调整直线段的长度或角度

（2）调整曲线段的位置或形状

使用【直接选择工具】 ![] 选择一条曲线段或曲线段任一个端点上的一个锚点（如果存在任何方向线，则将显示这些方向线）。然后拖动曲线段，或拖动锚点/方向线点，即可调整曲线段的位置（如图6.70所示），或所选锚点任意一侧线段的形状（如图6.71所示）。

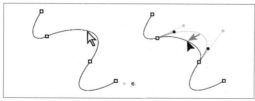

图6.70 调整曲线段的位置

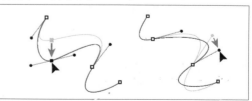

图6.71 调整锚点所属线段的形状

（3）删除路径线段

选择【直接选择工具】，然后选择要删除的线段，并按下Backspace键删除所选线段，如图6.72所示。再次按Backspace键或Delete键可删除路径的其余部分。

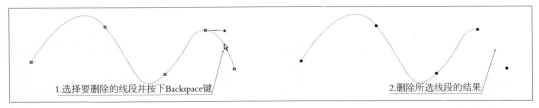

1.选择要删除的线段并按下Backspace键　　　　　　　2.删除所选线段的结果

图6.72 删除路径线段

（4）转换平滑点和角点

选择要修改的路径，再选择【转换点工具】 ，并将该工具放置在要转换的锚点上方，然后执行以下操作：

要将角点转换成平滑点，可以按住角点向外拖动，使方向线出现，如图6.73所示。

要将平滑点转换成没有方向线的角点，只需直接单击平滑点即可，如图6.74所示。

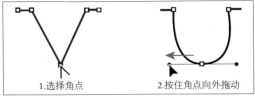

1.选择角点　　　　2.按住角点向外拖动

图6.73 将角点转换成平滑点

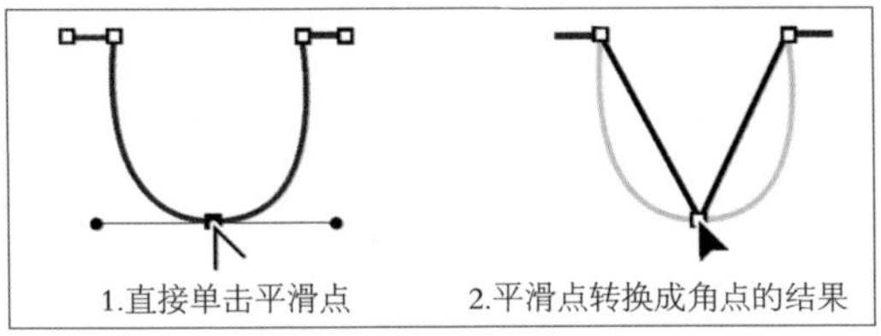

1.直接单击平滑点　　　2.平滑点转换成角点的结果

图6.74 将平滑点转换成角点

要将平滑点转换成具有独立方向线的角点，可以首先将方向点拖动出角点（成为具有方向线的平滑点），然后松开鼠标，再拖动任一方向点即可，如图6.75所示。

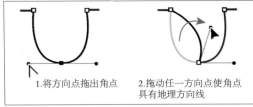

1.将方向点拖出角点　　2.拖动任一方向点使角点
　　　　　　　　　　　　具有地理方向线

图6.75 将平滑点转换成具有独立方向线的角点

6.4.3 管理与存储路径

【路径】面板列出了每条存储的路径、当前工作路径和当前矢量蒙版的名称与缩览图像。使用形状工具或钢笔工具绘图时，当选择【形状】和【路径】绘图模式绘制的形状，都会在【路径】面板中显示路径，以方便用户管理。

1.选择与取消选择路径

要选择路径，可以打开【路径】面板，然后单击路径名即可，如图6.76所示。一次只能选择一条路径。当需要取消选择路径时，可以在【路径】面板的空白区域中单击，或直接按下Esc键。

2.存储工作路径

当使用钢笔工具或形状工具创建工作路径时，新的路径以工作路径的形式出现在【路径】面板中。工作路径是临时的，必须存储它以免丢失其内容。

要存储工作路径，可以执行下列的操作之一：

要存储路径但不重命名它，可以将工作路径名称拖动到【路径】面板底部的【新建路径】 按钮上，如图6.77所示。

图6.76 选择路径

图6.77 不命名方式存储工作路径

要存储并重命名路径，可以从【路径】面板菜单中选择【存储路径】命令，然后在【存储路径】对话框中输入新的路径名，并单击【确定】按钮，如图6.78所示。

3.删除路径

要删除路径，可以在【路径】面板中选择路径，然后执行下列的操作之一：

将路径拖动到【路径】面板底部的【删除】按钮 上，如图6.79所示。

从【路径】面板菜单中选择【删除路径】命令。

单击【路径】面板底部的【删除】按钮，然后单击【是】按钮。

图6.78 命名方式存储工作路径

图6.79 删除路径

4.将路径转换为选区

路径提供平滑的轮廓，并且可以将它们转换为选区。因为有了这个功能，所以很多用户会先创建路径，然后使用【直接选择工具】 进行微调，接着将路径转换为选区。

要将路径转换为选区，可以先在【路径】面板上选择路径，然后执行下列的操作之一：

单击【路径】面板底部的【将路径作为选区载入】 按钮，如图6.80所示。

按住Ctrl键并单击【路径】面板中的路径缩览图。

如果想要在将路径转换为选区边界并指定设置，可以按住Alt键并单击【路径】面板底部的【将路径作为选区载入】 按钮，然后在【建立选区】对话框中设置选项，如图6.81所示。

图6.80 将路径作为选区载入

图6.81 载入选区并设置选项

5.将选区转换为路径

使用选择工具创建的任何选区都可以定义为路径。

要将选区转换为路径，可以在创建选区后，再执行下列操作之一：

单击【路径】面板底部的【从选区生成工作路径】 按钮。

按住Alt键并单击【路径】面板底部的【从选区生成工作路径】 按钮，然后在【建立工作路径】对话框中输入容差值，接着单击【确定】按钮，如图6.82所示。

图6.82 将选区转换为路径

6.5 设计跟练

学习内容：绘画和绘图工具的应用。

学习目的：通过实例掌握绘画工具的设置与使用，还有绘图工具的使用以及形状路径的修改。

学习备注：跟练制作油墨风格作品和公司徽标的实例。

6.5.1 制作油墨风格图像作品

本例将介绍制作一个中国风油墨画风格的作品。在本例中，首先使用画笔在图像上绘制出油墨到纸张发散的效果，然后使用【自由钢笔工具】将砚台和毛笔素材选择到，并粘贴到图像上，接着再次使用画笔工具绘制一个油墨印记，并在印记上面手绘文字，以制作出毛笔字书写的效果，最后为毛笔字图画添加白色描边，结果如图6.83所示。

制作油墨风格图像作品的操作步骤如下（练习文件：..\Example\Ch06\6.5.1.psd；素材文件：..\Example\Ch06\毛笔.jpg、砚台.jpg）。

图6.83 油墨风格的图像设计

01 打开练习文件，然后在工具箱中选择【画笔工具】，打开【画笔预设】选取器并选择一种画笔预设，接着设置画笔的大小，最后设置其他工具选项，如图6.84所示。

02 打开【画笔】面板，选择【湿边】和【平滑】选项，再选择【画笔笔尖形状】项目，并通过面板设置笔尖间距为1%，如图6.85所示。

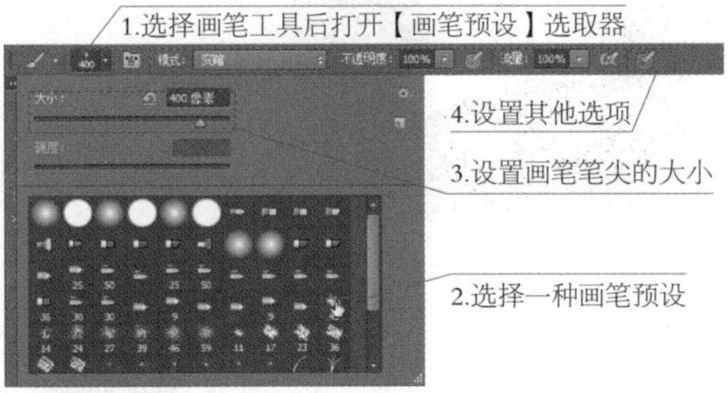

3.选择【画笔笔尖形状】项目

2.选择【湿边】和【平滑】选项

1.选择画笔工具后打开【画笔预设】选取器

4.设置其他选项

3.设置画笔笔尖的大小

2.选择一种画笔预设

图6.84 选择画笔工具并设置选项

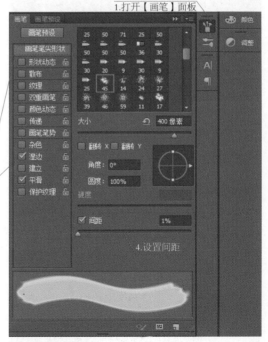

1.打开【画笔】面板

4.设置间距

图6.85 设置画笔选项

03 此时将画笔移到图像右下方，首先通过【图层】面板新建一个图层，然后在图像上单击后按住鼠标轻移一下（注意不要移动太多，只需轻动一下鼠标即可），如图6.86所示。

04 使用相同的方法，为图像绘出墨迹的效果，如图6.87所示。

图6.86 在图像上单击绘制墨迹

图6.87 绘制墨迹的结果

05 将"砚台.jpg"素材文件打开，然后选择【自由钢笔工具】，再设置绘图模式为【路径】，接着选择【磁性的】复选框，应用工具的磁性功能，如图6.88所示。

06 使用【自由钢笔工具】在砚台图形边缘上单击确定起点，然后沿着砚台边缘拖动。此时工具会启用磁性功能，让路径紧贴砚台边缘并自动产生固定。最后返回起点处并单击，闭合路径，如图6.89所示。

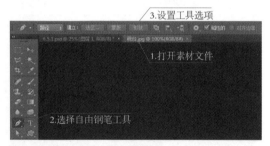

图6.88 选择自由钢笔工具并设置选项

图6.89 使用自由钢笔工具创建包含砚台的路径

07 打开【路径】面板，单击【将路径作为选区载入】按钮，将路径转换为选区，如图6.90所示。

08 在素材文件的文件窗口上按下Ctrl+C组合键复制选区的图像，然后切换到练习文件的文件窗口，并按下Ctrl+V组合键粘贴图像，接着将砚台素材移到图像右下方的墨迹上，如图6.91所示。

图6.90 将路径转换为选区

图6.91 添加砚台素材到图像的结果

09 使用步骤5和步骤6的方法，将"毛笔.jpg"素材文件打开，然后选择【自由钢笔工具】 ✐ ，再设置绘图模式为【路径】并选择【磁性的】复选框，接着使用自由钢笔工具沿着毛笔边缘创建闭合的路径，如图6.92所示。

10 打开【路径】面板，单击面板下方的【将路径作为选区载入】 ▒▒ 按钮，将路径转换为选区，然后按下Ctrl+C组合键复制选区的图像，切换到练习文件的文件窗口，并按下Ctrl+V组合键粘贴图像，如图6.92所示。

图6.92 使用自由钢笔工具沿毛笔边缘创建闭合路径

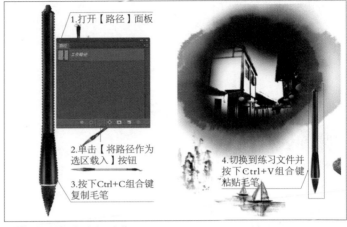

图6.93 将毛笔添加到练习文件

11 选择【编辑】|【自由变换路径】命令，将毛笔缩小并旋转，放置在砚台上，按下Enter键提交变换，如图6.94所示。

12 打开【图层】面板再新建图层4，选择【画笔工具】 ✐ ，打开【画笔】面板，选择一种画笔笔尖并设置大小和间距，选择【杂色】和【平滑】选项，如图6.95所示。

图6.94 自由变化毛笔素材

图6.95 新建图层并设置画笔

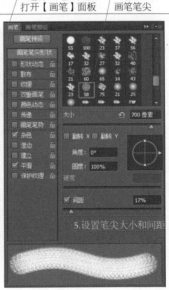

13 使用画笔在图像左上方单击，绘制一个油墨印记，如图6.96所示。

14 新增一个图层再选择【画笔工具】，选择合适的画笔，然后在油墨印记上手书"中国风"文字，如图6.97所示。如果觉得手书的效果不好，可以寻找毛笔字的素材，然后添加到图像上。

15 选择【编辑】|【描边】命令，打开【描边】对话框，设置宽度为10像素、颜色为【白色】、位置为【居外】，接着单击【确定】按钮，为文字添加白色描边，如图6.98所示。

图6.96 绘制油墨印记

图6.97 手书添加文字

1.打开【描边】对话框

2.设置描边宽度和颜色

4.单击【确定】按钮

3.设置描边位置

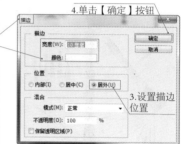

图6.98 添加描边

6.5.2 制作公司的徽标（Logo）

本例将介绍利用绘图工具和路径调整工具制作公司徽标的操作。在本例中，首先新建一个文件，然后使用【矩形工具】在文件上绘制三个矩形，使用【直接选择工具】修改矩形的形状，接着使用【自定形状工具】绘制形状，使用【直接选择工具】修改形状，再复制多一个形状放置在形状左下方，最后绘制一个太阳形状，输入公司名称即可，结果如图6.99所示。

制作公司的徽标的操作步骤如下。

01 选择【文件】|【新建】命令，打开【新建】对话框，输入文件名称、大小、分辨率和背景等属性，接着单击【确定】按钮，如图6.100所示。

02 此时在工具箱中选择【矩形工具】，然后设置绘图模式为【形状】，并通过选项栏设置其他选项（其中实颜色为【深灰色】），如图6.101所示。

图6.99 制作公司徽标的结果

1.打开【新建】对话框　　2.输入文件名称

4.单击【确定】按钮

3.设置文件属性

图6.100 新建文件

2.设置工具选项

1.选择矩形工具

图6.101 选择矩形工具并设置选项

03 设置工具选项后，使用【矩形工具】在文件上绘制3个高度不一样的矩形，如图6.102所示。

04 在工具箱中选择【直接选择工具】，然后按住矩形的一个角点并沿垂直方向向下移动角点位置。使用相同的方法，调整其他矩形的角点位置，结果如图6.103所示。

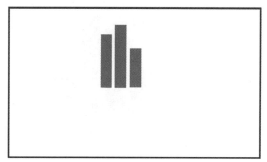

图6.102 绘制三个高度不同的矩形

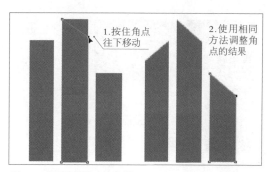

图6.103 调整矩形的角点位置

`05` 在工具箱中选择【自定形状工具】，设置绘图模式为【形状】，接着打开【形状】面板并选择一种形状，如图6.104所示。

`06` 此时使用【自定形状工具】在原矩形左下方绘制形状，如图6.105所示。

`07` 在工具箱中选择【直接选择工具】，然后按住新形状左端的平滑点并移动，调整该平滑点的位置，使用该工具适当调整形状其他平滑点的位置和路径形状，如图6.106所示。

图6.104 选择并设置自定形状工具

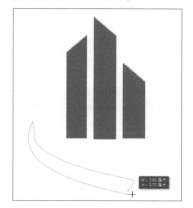

图6.105 绘制选定的形状

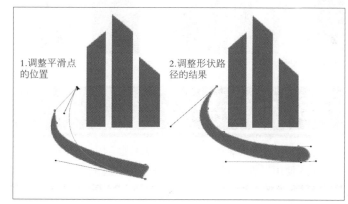

图6.106 调整形状平滑点和路径形状

`08` 打开【图层】面板，然后在步骤6绘制形状的图层上单击右键，再选择【复制图层】命令，复制一个形状图层副本，如图6.107所示。

`09` 复制图层后，选择新图层副本，然后在工具箱中选择【移动工具】，将图层副本的形状向上移动，结果如图6.108所示。

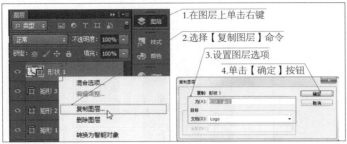

图6.107 复制图层

1.在图层上单击右键
2.选择【复制图层】命令
3.设置图层选项
4.单击【确定】按钮

图6.108 移动形状的结果

10 再次选择【自定形状工具】，设置绘图模式为【形状】，再选择形状为【太阳2】，并设置填充颜色为【红色】，接着在文件上绘制一个太阳形状，如图6.109所示。

11 在工具箱中选择【横排文字工具】，然后通过选项栏设置文字属性，再设置文字颜色为【黑色】，接着在形状下方输入公司名称文字，如图6.110所示。

图6.109 绘制太阳形状

图6.110 输入文字

6.6 小结与思考

本章主要介绍了在Photoshop中绘画和绘图的应用，其中包括使用绘画工具绘画、使用油漆桶和渐变工具填充、使用形状工具绘图、使用钢笔工具绘图，以及编辑和管理形状路径的方法等内容。

思考与练习

（1）思考

①对于Photoshop来说，绘画与绘图有什么区别，他们的应用实际是什么？

提示：绘画是绘制像素内容；绘图可以绘制形状和路径。

②使用形状工具并设置【形状】或【路径】模式绘图时，生成的路径是什么类型的路径？如果永久使用这些形状路径，应该怎么做？

（2）练习

使用【画笔工具】绘制枫叶效果，再使用【自定形状工具】绘制脚印形状，结果如图6.111所示。（练习文件：..\Example\Ch06\6.6.psd）

图6.111 绘制枫叶和脚印的结果

文字和滤镜的应用

Photoshop专门提供多个文字工具，分别可以输入水平/垂直文字或者制作文字形状的选择区。此外，用户还可以将文字进行各种变形与美化操作。

对于滤镜，则是Photoshop最出色的功能之一。凭借着Photoshop提供的各种滤镜，用户可以发挥无限创意，设计出多姿多彩的图像效果。

Chapter

7

7.1 创建与编辑文字

学习内容：在图像上输入和编辑文字与段落。

学习目的：了解文字图层和文字类型，再学习输入文字、创建文字选区、设置文字和段落属性的方法。

学习备注：Photoshop可以让用户输入点文字和段落文字。

Photoshop中的文字由基于矢量的文字轮廓（即以数学方式定义的形状）组成，这些形状描述字样的字母、数字和符号。因此，用户在缩放文字、调整文字大小时，不会影响文字的品质。

7.1.1 关于文字图层

当在图像中创建文字时，【图层】面板中会添加一个新的文字图层。创建文字图层后，可以编辑文字并对其应用图层命令，如图7.1所示。

但是，在对文字图层进行了栅格化的更改后，Photoshop会将基于矢量的文字轮廓转换为像素。因此，栅格化文字不再具有矢量轮廓并且不能再作为文字进行编辑。

注意 对于多通道、位图或索引颜色模式的图像，是不会创建文字图层的，因为这些模式不支持图层。在这些模式中，文字将以栅格化文本的形式出现在背景上。

在Photoshop中，用户可以对文字图层进行以下更改并且仍能编辑文字：

更改文字的方向。

应用消除锯齿。

在点文字与段落文字之间转换。

基于文字创建工作路径。

通过【编辑】菜单应用除【透视】和【扭曲】外的变换命令。

使用图层样式。

应用填充。

使文字变形以适应各种形状。

1.在图像上输入文字

2.【图层】面板中新建以文字内容命名的文字图层

图7.1 文字图层

7.1.2 关于文字类型

Photoshop将文字分为点文字和段落文字两种类型。

1.点文字

点文字是一个水平或垂直文本行，它从在图像中单击的位置开始输入文字，如图7.2所示。要向图像中添加少量文字，在某个点输入文本是一种有用的方式。

2.段落文字

段落文字是一种使用了以水平或垂直方式控制字符流边界的文字类型，如图7.3所示。当想要创建一个或多个段落（比如为宣传手册创建）时，采用这种方式输入文本十分有用。

图7.2 点文字

图7.3 段落文字

7.1.3 输入文字

在Photoshop中，用户可以使用【横排文字工具】 与【直排文字工具】 可以在图像中创建水平方向与垂直方向的文字，同时在图层面板中自动新增文字图层。

当输入点文字时，每行文字都是独立的，行或列长度随着编辑增加或缩短，但不会换行。输入段落文字时，文字基于外框的尺寸换行。

在图像中输入文字的操作步骤如下（练习文件：..\Example\Ch07\7.1.3.jpg）。

01 打开练习文件，在工具箱中选择【横排文字工具】 或【直排文字工具】 （本例选择【横排文字工具】）。

02 在选项栏中设置文字属性，例如文字字体、字体样式、字体大小、消除锯齿的方式、对齐方式、文字颜色等，如图7.4所示。

03 在图像中单击，为文字设置输入点，并输入文字，如图7.5所示。I型光标中的小线条标记的是文字基线（文字所依托的假想线条）的位置。对于直排文字，基线标记的是文字字符的中心轴。

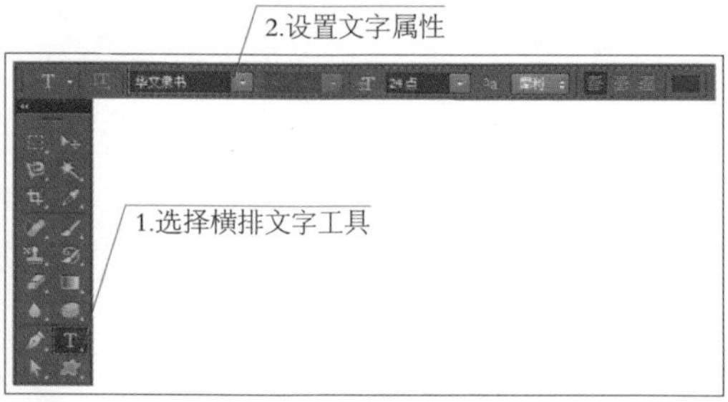

2.设置文字属性
1.选择横排文字工具

图7.4 选择文字工具并设置属性

1.在图像上单击设置输入点
2.输入文字
美湖居

图7.5 输入点文字

提示 当输入文字时需要开始新的一行，可以按下Enter键。

04 输入文字后，执行下列操作之一：

单击选项栏中的【提交】按钮✓，如图7.6所示。

按下数字键盘的Enter键（注意：是数字键盘的Enter键，非字母键盘的Enter键）。

按下Ctrl+Enter组合键。

选择工具箱的任意工具，或者在【图层】、【通道】、【路径】等任何面板上单击。

选择任何可用的菜单命令。

2.未提交结果的文字显示有基线
1.单击【提交】按钮
美湖居

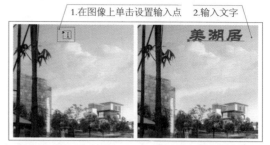

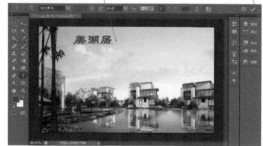

图7.6 提交输入文字结果

05 当需要输入段落文字时，可以执行下列操作之一：

沿对角线方向拖动，为文字定义一个外框（称为段落文字框），如图7.7所示。

单击或拖动时按住Alt键，以显示【段落文本大小】对话框，再输入【宽度】值和【高度】值，最后单击【确定】按钮，如图7.8所示。

2.鼠标指针旁边显示宽高信息
美湖居
1.沿对角线拖动
创建段落文字框

图7.7 直接创建段落文字框

1.按住Alt键拖动鼠标
美湖居
2.在打开的【设置文字大小】对话框中设置宽高
段落文字大小
宽度:
高度: 74.87 点
确定
取消
3.单击【确定】按钮

图7.8 创建段落文本框是设置大小

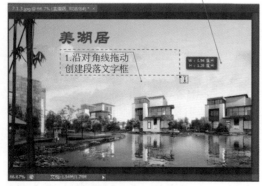

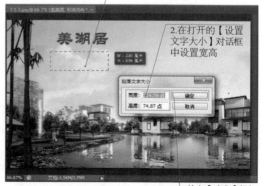

如果有必要，可以在选项栏中更改文字属性，如图7.9所示。

此时可以在段落文字框内输入文字。当要开始新段落时，可以按Enter键，如图7.10所示。如果输入的文字超出外框所能容纳的大小，外框上将出现溢出图标⊞。

输入全部文字后，执行步骤4的操作之一即可。

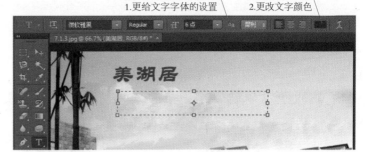

图7.9　更给文字属性

图7.10　输入段落文字

7.1.4 创建文字选区

使用【横排文字蒙版工具】或【直排文字蒙版工具】可以在图像上创建一个文字形状的选区。文字选区显示在现用图层上，可以像任何其他选区一样进行移动、拷贝、填充或描边。

创建文字选区的操作步骤如下（练习文件：..\Example\Ch07\7.1.4.jpg）。

打开练习文件，选择【横排文字蒙版工具】或【直排文字蒙版工具】，然后在选项栏设置文字属性，如图7.11所示。

图7.11　选择工具并设置文字属性

02 选择希望选区出现在其上的图层。为获得最佳效果，建议在普通的图层上而不是文字图层上创建文字选框。本例新增一个图层，并选择该图层，如图7.12所示。

03 在图像中单击，为文字设置输入点，再输入文字。在输入文字时，现用图层上会出现一个红色的蒙版，如图7.13所示。

1.打开【图层】面板

2.创建一个新图层并选择它

图7.12 创建新图层

1.设置输入点后输入文字

图7.13 输入文字

2.图层出现红色的蒙版

04 输完文字后，单击【提交】按钮，此时文字选区将出现在现用图层上的图像中，如图7.14所示。

05 此时创建的文字选区与一般选区无异，我们可以编辑它，例如填充渐变颜色，如图7.15所示。

图7.14 提交编辑后显示文字选区

1.选择渐变工具　　2.设置工具选项

3.在选区上垂直拖动鼠标填充渐变颜色

图7.15 为选区填充渐变

7.1.5 调整文字外观

　　输入文字后，除了可以在选项栏中设置一些基本属性外，还可以通过【字符】面板设置更详细的属性，从而大概调整文字外观的目的。

　　【字符】面板中除了包括属性栏的设置外，还提供了"字距、垂直/水平缩放、字距微调、基线偏移、文字样式"等多种文字外观设置类别，如图7.16所示。

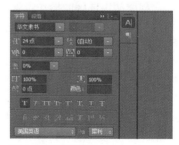

图7.16 【字符】面板

下面简单介绍【字符】面板各项设置的作用。

字体系列 Lucida Hand... ：选择一种字体。

字体大小：设定输入文字字体的大小，以点为单位。

行距：如果同时存在多行文字时，可以设置各行之间的距离。

垂直缩放：设置文字的高度，默认为100%。

水平缩放：设置文字的宽度，默认为100%。

字符比例间距：设置所选字符的比例间距。

字距：设置所选字符的字距调整。

字距微调：设置两个字符间的字距微调。

基线偏移：设置文字在默认位置处，向上/下偏移的距离。

文字样式：可以快速设置文字的样式，从左至右分别为"粗体、斜体、全部大写、全部小大写、上标、下标、下画线、删除线"。

> **说明**
>
> 字体就是具有同样粗细、宽度和样式的一组字符（包括字母、数字和符号）所形成的完整集合，如10点大小的宋体粗体。
>
> 字样（也称为文字系列或字体系列）是由具有相同的整体外观的字体形成的集合，专为一同使用而设计，如黑体。

通过【字符】面板调整文字的外观的操作步骤如下（练习文件：..\Example\Ch07\7.1.5.psd）。

01 打开练习文件，在工具箱中选择【横排文字工具】T，然后在图像的文字上双击选择文字，如图7.17所示。

02 选择【窗口】|【字符】命令，或者在面板组上单击【字符】按钮A，打开【字符】面板。

03 在【字符】面板中打开【字体系列】菜单，然后选择一种字体，以更改选定文字的字体，如图7.18所示。

图7.17 选择文字

图7.18 更改文字字体

04 设置【垂直缩放】选项为150%。此操作可以将文字拉高，效果如图7.19所示。

05 调整【字距】为100。此操作的目的是增大选定文字之间的距离，效果如图7.20所示。

图7.19 设置垂直缩放 　　1.设置垂直缩放为150%

图7.20 设置字距 　　1.设置字距为100

单击【字符】面板上的色块，然后在【拾色器】对话框中设置文字的颜色为【粉红色】（颜色值为：#e31685），以改变文字的颜色，如图7.21所示。

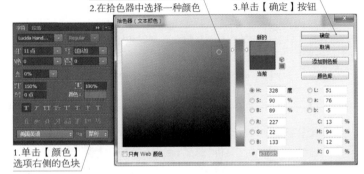

图7.21 设置文字颜色

单击【仿斜体】按钮 **T**，为文字添加倾斜效果，如图7.22所示。完成设置后，按下数字键盘的Enter键即可。

图7.22 设置文字样式 　　1.单击【仿斜体】按钮

7.1.6 编排段落文字

对于点文字，使用【字符】面板设置其外观已经足够，但对于段落文字，则除了设置文字外观外，还需要对整段文字内容进行编排，因此可以使用【段落】面板来实现编排的目的。

要显示【段落】面板，可以选择【窗口】|【段落】命令，或者在面板组上单击【段落】按钮。此外，用户还可以在选择文字工具的时候，在选项栏上单击【切换字符和段落面板】按钮，打开【字符】和【段落】集合的面板组，从而打开【段落】面板，如图7.23所示。

图7.23 打开【段落】面板

以横排文字为例，【段落】面板的设置选项说明如下。

段落文本对齐：分别设置段落中的每行向左、中间与向右对齐。

段落最后一行对齐：分别设置段落中最后一行向左、中间、向右、两端对齐。

全部对齐：对齐包括最后一行的所有行，最后一行强制对齐。

左缩进：可设置段落左侧的缩进量。

右缩进：可设置段落右侧的缩进量。

首行缩进：可设置第一行左侧的缩进量。

段前添加空格：指定段落首行与上一段段尾之间距离。

段尾添加空格：指定段落首行与下一段段尾之间距离。

连字：选择后允许使用连接词汇。

避头尾法则设置：避头尾法则指定亚洲文本的换行方式，不能出现在一行的开头或结尾的字符称为避头尾字符。Photoshop 提供了基于日本行业标准（JIS）X 4051–1995的宽松和严格的避头尾集。

间距组合设置：间距组合为日语字符、罗马字符、标点、特殊字符、行开头、行结尾和数字的间距指定日语文本编排。

编排段落文字的操作步骤如下（练习文件：..\Example\Ch07\7.1.6.psd）。

01 打开练习文件，然后在工具箱中选择【横排文字工具】，在段落文字上单击使文字处于编辑状态，接着拖动鼠标选择到所有文字（或者按下Ctrl+A组合键），如图7.24所示。

02 打开【段落】面板，设置【首行缩进】的数值为6点，让段落首行向左缩进6点，如图7.25所示。

图7.24 选择段落文本

图7.25 设置首行缩进

03 由于首行的文字右边没有对齐第二行，因此可以将【间距组合设置】选项设置为【间距组合3】，让首行右边与第二行对齐，如图7.26所示。

图7.26 设置间距组合

7.2 制作文字特效

学习内容： 制作文字特殊效果。

学习目的： 掌握变形文字、沿路径创建文字、为文图应用样式并修改样式的方法。

学习备注： 灵活应用文字特效，可以让图像设计效果更加丰富。

用户可以对文字执行各种操作以制作不同外观的文字效果。例如，可以使文字变形、让文字依照路径排列或向文字添加样式等。

7.2.1 变形文字

用户可以使文字变形以创建特殊的文字效果。例如，可以使文字的形状变为扇形或波浪。其中，选择的变形样式是文字图层的一个属性，用户可以随时更改图层的变形样式以更改变形的整体形状。

注意	不能变形包含"仿粗体"格式设置的文字图层，也不能变形使用不包含轮廓数据的字体（如位图字体）的文字图层。

变形文字的操作步骤如下（练习文件：..\Example\Ch07\7.2.1.psd）。

01 打开练习文件，再打开【图层】面板，选择文字图层。

02 执行下列操作之一：

选择【横排文字工具】 T ，并单击选项栏中的【创建文字变形】按钮 ，如图7.27所示。

选择【文字】|【文字变形】命令。

图7.27 创建文字变形

03 打开【变形文字】对话框后，从【样式】弹出式菜单中选择一种变形样式，如图7.28所示。

04 接续在【变形文字】对话框中选择变形效果的方向：水平或垂直。如果需要，可指定其他变形选项的值，如图7.29所示。【弯曲】选项：指定对图层应用变形的程度。【水平扭曲】或【垂直扭曲】选项：对变形应用透视。

图7.28 选择变形样式

图7.29 设置变形方向和变形选项

05 完成后单击【确定】按钮，变形文字的结果如图7.30所示。

图7.30 变形文字的结果

7.2.2 沿路径创建文字

在Photoshop中，允许用户输入沿着用钢笔或形状工具创建的工作路径的边缘排列的文字。当沿着路径输入文字时，文字将沿着锚点被添加到路径的方向排列。其中，在路径上输入横排文字会导致字母与基线垂直；在路径上输入直排文字会导致文字方向与基线平行。

沿路径创建文字的操作步骤如下（练习文件：..\Example\Ch07\7.2.2.psd）。

`01` 打开练习文件，然后使用【钢笔工具】 在图像上创建一条开放的曲线路径，如图7.31所示。

`02` 按照实际需要选择文字工具，然后设置文字属性。例如本例选择【横排文字工具】 T 。

`03` 定位指针，使文字工具的基线指示符 位于路径上，然后单击。单击后，路径上会出现一个插入点，如图7.32所示。

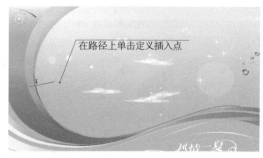

图7.31 创建曲线路径　　　　　　　　　　　　　　　图7.32 定义插入点

`04` 此时可以输入文字。横排文字沿着路径显示，与基线垂直，如图7.33所示。直排文字沿着路径显示，与基线平行。

> **提示**　用户也可以在闭合路径内输入文字。不过，在这种情况下，文字始终横向排列，每到文字到达闭合路径的边界时，就会发生换行。

`05` 如果需要改变文字路径的形状，可以选择【直接选择工具】 ，然后单击路径的锚点，并通过调整锚点或方向点来修改路径形状，如图7.34所示。

图7.33 输入横排文字　　　　　　　　　　　　　　　图7.34 修改路径形状

7.2.3 为文字应用样式

文字图层跟普通图层一样也可以套用图层样式，而且也是颇为常的美化文字手法。用户只要选择文字图层，再选择【样式】面板中的预设样式即可快速为文字添加样式特效。当应用样式后，还可以通过【图层样式】对话框，对应用的样式进行修改。

为文字应用样式的操作步骤如下（练习文件：..\Example\Ch07\7.2.3.psd）。

01 打开练习文件，然后选择文字图层，再打开【样式】面板，选择一种样式应用到文字图层，如图7.35所示。

02 打开【图层】面板的样式列表，此时可以看到文字图层应用的效果。在【描边】效果名称上双击，打开【图层样式】对话框的【描边】选项卡，如图7.36和图7.37所示。

图7.35 为文字图层应用样式

图7.36 编辑效果

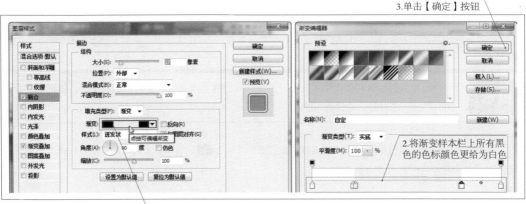

图7.37 修改渐变描边

03 切换到【渐变叠加】选项卡，然后修改渐变颜色，并单击【确定】按钮退出【图层样式】对话框，如图7.38所示。

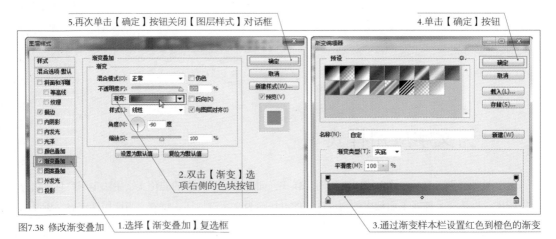

图7.38 修改渐变叠加

04 修改图层样式后，返回文件窗口，查看文字效果，如图7.39所示。

图7.39 修改样式后的文字效果

7.3 滤镜基础知识

学习内容： 制作文字特殊效果。

学习目的： 掌握变形文字、沿路径创建文字、为文图应用样式并修改样式的方法。

学习备注： 灵活应用文字特效，可以让图像设计效果更加丰富。

通过使用滤镜，可以清除和修饰照片，应用能够为图像提供素描或印象派绘画外观的特殊艺术效果，还可以使用扭曲和光照效果创建独特的变换。

7.3.1 内置的滤镜

滤镜（Filter），是一种Photoshop针对图像像素的特定运算功能模块。滤镜在Photoshop中通过多种算法使像素重新组合，可以让图像发生一些特殊效果。例如图7.40所示为原图和应用【绘画涂抹】滤镜的效果。

在Photoshop中，依照滤镜的功能分成很多个种类，加起来总超过100个滤镜，用户可以通过【滤镜】菜单来选择并应用这些滤镜，如图7.41所示。

虽然种类很多，不过可以依照应用分为"效果型"和"调整型"滤镜。效果型滤镜就是指对主要依照破坏图像原有像素的排列和色彩，从而达到较明显效果的滤镜；而调整型滤镜则对图像原有像素破坏较少，只提供用户对图像进行适当的调整而得到不同的效果。

图7.40 原图与应用【绘画涂抹】滤镜的图

图7.41 【滤镜】菜单

此外，Photoshop大部分的滤镜功能都为用户提供相关的对话框，以设置不同的效果参数，以便让一个滤镜产生无数的变化。图7.42所示为"彩色半调"滤镜提供的参数设置对话框。

图7.42 【彩色半调】对话框

7.3.2 外挂的滤镜

外挂滤镜就是并非Photoshop内置的滤镜，它由第三方厂商为Photoshop所开发的滤镜程序。外挂程序具有很大的灵活性，而且可以依照实际需要来更新该程序，而不必更新整个主程序。

提示 "外挂"就是指为了扩展主程序并寄存在主程序中的补充性程序，这种程序可以在安装后附加到主程序内，并可通过主程序调入和调出。

作为Photoshop的外挂程序，可以为用户提供丰富的滤镜功能，制作出更多的图像效果。目前，著名的外挂滤镜有KPT、PhotoTools、Eye Candy、Xenofen、Ulead Effects等。图7.43所示为KPT的外挂滤镜的界面。

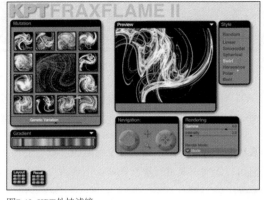

图7.43 KPT外挂滤镜

7.3.3 滤镜使用须知

Adobe提供的滤镜功能都会显示在【滤镜】菜单中，而第三方厂商开发的外挂滤镜则在安装后显示在【滤镜】菜单的底部。要较好地使用滤镜，可以先参考以下须知：

滤镜需要应用在当前的可视图层或选区。

对于8位/通道的图像，可以通过"滤镜库"命令应用大多数滤镜，而且所有滤镜都可以单独应用。

滤镜不能应用在位图模式或索引颜色的图像上。

必须注意，有些滤镜只对RGB图像起作用，不过所有滤镜都可应用于8位图像。

在Photoshop中，可以将下列滤镜应用在16位图像中：液化、平均模糊、两侧模糊、模糊、进一步模糊、方框模糊、高斯模糊、镜头模糊、动感模糊、径向模糊、样本模糊、镜头校正、添加杂色、去斑、蒙尘与划痕、中间值、减少杂色、纤维、镜头光晕、锐化、锐化边缘、进一步锐化、智能锐化、USM锐化、浮雕效果、查找边缘、曝光过度、逐行、NTSC 颜色、自定、高反差保留、最大值、最小值、位移。

在Photoshop中，可以将下列滤镜应用在32位图像中：平均模糊、两侧模糊、方框模糊、高斯模糊、动感模糊、径向模糊、样本模糊、添加杂色、纤维、镜头光晕、智能锐化、USM锐化、逐行、NTSC颜色、高反差保留、位移。

有些滤镜完全在内存中处理。但如果所有可用的RAM都用于处理滤镜效果，则可能看到错误信息。

7.4 典型滤镜应用

学习内容： 制作文字特殊效果。

学习目的： 掌握变形文字、沿路径创建文字、为文图应用样式并修改样式的方法。

学习备注： 灵活应用文字特效，可以让图像设计效果更加丰富。

在Photoshop中，用户可以对现用的图层或智能对象应用滤镜。应用于智能对象的滤镜没有破坏性，并且可以随时对其进行重新调整。下面将介绍多种典型滤镜的应用。

7.4.1 制作咖啡涟漪
——液化滤镜

液化滤镜为用户提供推、拉、旋转、反射、折叠和膨胀等动作，调整图像任意区域的形状。通过此滤镜可以创建强烈或者细微扭曲的图像效果。在Photoshop中，用户可将"液化"滤镜应用在8位/通道或16位/通道的图像中。

下面将使用液化滤镜，为盛满咖啡的杯面制作涟漪效果，具体操作步骤如下（练习文件：..\Example\Ch07\7.4.1.jpg）。

01 打开练习文件，然后选择【滤镜】|【液化】命令，或者按下Shift+Ctrl+X组合键打开【液化】对话框，如图7.44所示。

02 液化滤镜为用户提供了多种工具处理图像。本例将选择【向前变形工具】🔧，设置画笔大小为80、画笔压力为100，然后在图像的咖啡上沿顺时针拖动扭曲咖啡面，如图7.45所示。

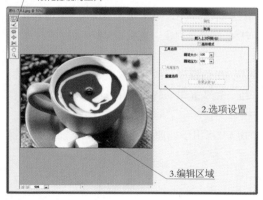

图7.44 【液化】对话框

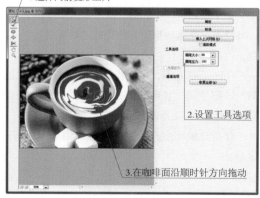

图7.45 向前变形图像

03 选择【褶皱工具】 ，再设置画笔大小为80，接着在咖啡面中心处长按鼠标，使像素朝着咖啡面的中心移动，如图7.46所示。

04 如果想要上一个操作，可以按下Ctrl+Z组合键；如果想要恢复图像原样，则可以单击【恢复全部】按钮。

05 完成液化图像的操作后，可单击【确定】按钮，并返回Photoshop编辑窗口查看效果，结果如图7.47所示。

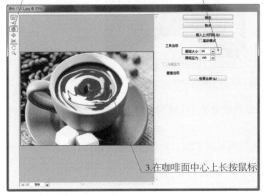

图7.46 褶皱变形图像

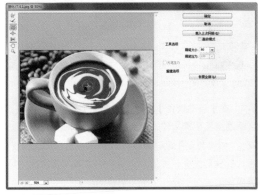

图7.47 制作咖啡涟漪的结果

7.4.2 修复相片枕形失真 ——镜头校正滤镜

镜头校正滤镜可修复常见的镜头瑕疵，如桶形和枕形失真、晕影和色差，也可以使用该滤镜来旋转图像，或修复由于相机垂直或水平倾斜而导致的图像透视现象。相对于使用【变换】命令，此滤镜的图像网格使得这些调整可以更为轻松精确地进行。

提示 镜头校正滤镜在RGB或灰度模式下只能用于8位/通道和16位/通道的图像。

下面将介绍使用镜头校正滤镜修复有枕形失真相片的方法，具体的操作步骤如下（练习文件：..\Example\Ch07\7.4.2.jpg）。

01 打开练习文件，此时可以看出相片有枕形失真的问题，如图7.48所示。

02 选择【滤镜】|【镜头校正】命令（或按下Shift+Ctrl+R组合键），打开【镜头校正】对话框后，选择【拉直工具】 ，然后在图像上向右上方向拉出一条直线，以调整相片的水平面，如图7.49所示。

图7.48 有枕形失真问题的相片

图7.49 拉直相片水平面

03 在【自动校正】选项卡中选择【集合扭曲】复选框，然后根据相片拍摄的设备选择相机选项，并选择一种合适的镜头配置文件，以此配置来校正相片，如图7.50所示。

04 如果想要手动调整相片，可以在对话框上选择【移去扭曲工具】 ，然后按住相片向右轻微移动，调整相片的枕形失真，如图7.51所示。注意，使用此工具调整相片时，在移动时会预览到调整效果，因此建议用户慢慢移动，而不要一下子大幅移动。

图7.50 使用相机配置文件校正相片

图7.51 手动调整相片

05 选择【移动网格工具】 ，向上轻微移动网格，接着切换到【自定】选项卡，然后设置【移去扭曲】选项，直至相片的失真消失，单击【确定】按钮，如图7.52所示。修复相片枕形失真的结果如图7.53所示。

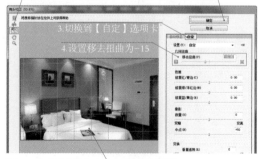

图7.52 自定移去扭曲

图7.53 修复相片枕形失真的结果

说明　【移去扭曲】的作用是校正镜头桶形或枕形失真。移动【移去扭曲】选项的滑块可拉直从图像中心向外弯曲或朝图像中心弯曲的水平和垂直线条。其中，朝图像的中心拖动可校正枕形失真，而朝图像的边缘拖动可校正桶形失真。

7.4.3 制作蝴蝶彩描画 ——画笔描边滤镜

　　画笔描边类的滤镜可以使用不同的画笔和油墨描边效果创造出绘画效果的外观。例如有些滤镜可以添加颗粒、绘画、杂色、边缘细节或纹理等。

　　下面将通过【滤镜库】中的画笔描边类滤镜制作蝴蝶彩描的艺术效果，具体操作步骤如下（练习文件：..\Example\Ch07\7.4.3.jpg）。

图7.54 原图像的效果

01 打开练习文件，可以看到练习文件是一个真实拍摄的图像，如图7.54所示。后续将此图像制作成彩描画。

02 选择【滤镜】|【滤镜库】命令，打开【滤镜库】对话框后，展开【画笔描边】列表框，然后选择【成角的线条】滤镜，并在右侧的选项卡中设置滤镜的选项，如图7.55所示。

03 要想应用第二个滤镜时，可以单击【新建效果图层】按钮，然后选择其他滤镜，再设置该滤镜的选项，如图7.56所示。

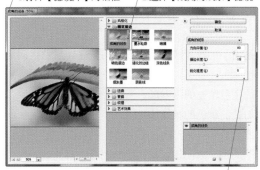

图7.55 应用【成角的线条】滤镜　3.设置滤镜的选项

图7.56 应用【阴影线】滤镜　1.单击【新建效果图层】按钮

04 为了强化彩描轮廓效果，可以再新建效果图层，然后选择【墨水轮廓】滤镜，设置该滤镜的选项，单击【确定】按钮，如图7.57所示。

05 返回文件窗口，查看图像的效果，如图7.58所示。

2.选择【墨水轮廓】滤镜　　4.单击【确定】按钮

3.设置滤镜选项

1.单击【新建效果图层】按钮

图7.57 应用【墨水轮廓】滤镜

图7.58 将图像制作成彩描画的效果

说明　滤镜库可提供许多特殊效果滤镜的预览。用户可以应用多个滤镜、打开或关闭滤镜的效果、复位滤镜的选项以及更改应用滤镜的顺序。如果对预览效果感到满意，则可以将滤镜应用于图像。但需要注意，滤镜库并不提供【滤镜】菜单中的所有滤镜。

7.4.4 制作背景用的拼缀图 ——纹理滤镜

纹理类的滤镜可以为图像模拟具有深度感或物质感的外观，或者添加一种器质外观。这类滤镜包括"龟裂缝"、"颗粒"、"马赛克拼贴"、"拼缀图"、"染色玻璃"、"纹理化"六种，它们的说明如下：

"龟裂缝"滤镜：将图像绘制在一个高凸现的石膏表面上，以循着图像等高线生成精细的网状裂缝。使用此滤镜制作图像的浮雕效果。

"颗粒"滤镜：通过模拟不同种类的颗粒在图像中添加纹理，这些颗粒包括"常规、软化、喷洒、结块、强反差、扩大、点刻、水平、垂直和斑点"等。

"马赛克拼贴"滤镜：可渲染图像，使它看起来是由小的碎片或拼贴组成，而且还在拼贴之间灌浆，让拼贴的图像更有整体的效果。

"拼缀图"滤镜：将图像分解为用图像中该区域的主色填充的正方形。

"染色玻璃"滤镜：将图像重新绘制为用前景色勾勒的单色的相邻单元格。

"纹理化"滤镜：将选择或创建的纹理应用于图像。

下例将介绍通过【滤镜库】为图像应用"拼缀图"滤镜，以制作背景用途的图像，具体的操作步骤如下（练习文件：..\Example\Ch07\7.4.4.jpg）。

01 打开练习文件，然后在菜单栏选择【滤镜】|【滤镜库】命令。

02 打开【滤镜库】对话框后，单击【纹理】标题打开【纹理】列表框，选择【拼缀图】滤镜，然后设置方形大小为5、凸现为4，单击【确定】按钮，如图7.59所示。

03 应用滤镜后，即可返回Photoshop的文件窗口查看图像效果。图7.60所示为应用滤镜前后图像的对比。

1.打开【滤镜库】对话框　　　　　　5.单击【确定】按钮

4.设置滤镜选项

2.打开【纹理】列表框

图7.59 应用【拼缀图】滤镜　　　　3.选择【拼缀图】滤镜

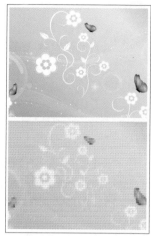

图7.60 应用滤镜前后图像的对比

7.5 设计跟练

学习内容： 文字创建、添加图层样式和滤镜应用。

学习目的： 掌握在图像中输入文字、对文字进行变形、创建文字选区、为文字图层添加样式，以及应用滤镜的方法。

学习备注： 跟练制作广告标题和制作创意标题的实例。

制作广告的标题效果

　　本例将以一个广告设计为例，介绍文字工具输入文字并制作文字效果的方法。在本例中，首先使用【钢笔工具】创建一条倾斜的直线路径，然后使用【横排文字工具】在路径上创建文字，使用【横排文字工具】输入另外一行文字，接着通过【变形文字】对话框变形沿路径排列的文字，并为该文字添加图层样式，再通过【图层样式】对话框为另一行文字设置样式，创建文字选区并填充渐变颜色，添加图层样式，结果如图7.61所示。

　　制作广告的标题效果的操作步骤如下（练习文件：..\Example\Ch07\7.5.1.psd）。

⚙01 打开练习文件，在工具箱中选择【钢笔工具】 ✐，设置绘图模式为【路径】，然后在图像左上方创建一条倾斜的直线路径，如图7.62所示。

图7.61 制作广告标题的结果

图7.62 创建直线路径

02 选择【横排文字工具】 T，在选项栏中设置文字属性，其中颜色为【#1a7f3e】，然后在路径上单击定义输入点，输入文字，如图7.63所示。

03 选择【直接选择工具】，选择文字的路径，选择该路径然后拖动，调整路径的位置，如图7.64所示。

图7.63 在路径上创建文字

图7.64 移动路径文字

04 再次选择【横排文字工具】 T，在选项栏中设置文字属性，其中颜色为【#e0ff4f】，然后在路径文字下方输入另一行文字，如图7.65所示。

05 使用【横排文字工具】 T 在路径文字上单击，使文字处于编辑状态，然后单击选项栏的【创建文字变形】按钮，打开【变形文字】对话框后选择一种样式，接着设置变形方向和选项，再单击【确定】按钮，如图7.66所示。

图7.65 输入另一行文字

图7.66 变形路径文字

06 打开【图层】面板，在【Vivian Girl】图层名称右侧上双击打开【图层样式】对话框，接着为文字图层应用【投影】效果，如图7.67所示。

07 在【图层】面板上选择另外一个文字图层，使用步骤6的方法打开该图层的【图层样式】对话框，然后为文字图层应用【渐变叠加】效果，如图7.68所示。

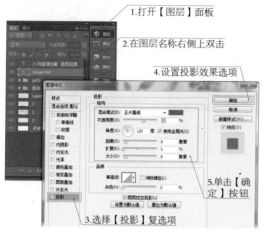

图7.67 为路径文字的图层添加投影效果

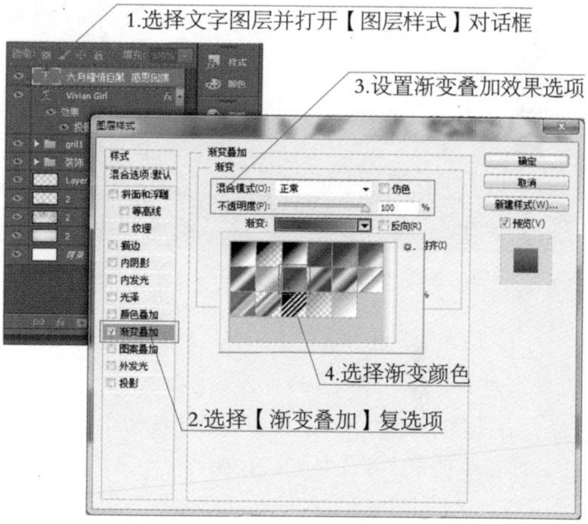

图7.68 为另一文字图层添加渐变叠加效果

08 在【图层样式】对话框中选择【描边】复选项，然后设置描边的颜色为【白色】，再设置其他描边效果选项，如图7.69所示。

09 在【图层样式】对话框中选择【投影】复选项，然后设置投影的颜色为【黑色】，再设置其他投影效果选项，单击【确定】按钮，如图7.70所示。

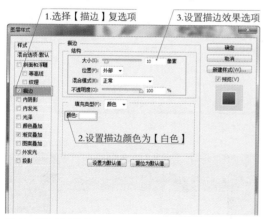

图7.69 添加描边效果

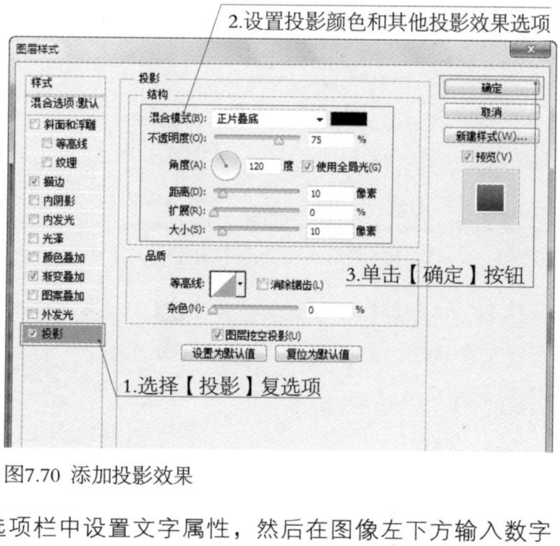

图7.70 添加投影效果

10 在工具箱中选择【横排文字蒙版工具】，在选项栏中设置文字属性，然后在图像左下方输入数字"7"，按下数字键盘的Enter键，如图7.71所示。

11 创建文字选区后，选择【渐变工具】，然后在选项栏中打开【渐变样本】面板，选择一种渐变颜色，再选择渐变方式，接着在【图层】面板上新增一个图层，使用【渐变工具】在选区上垂直拖动填充渐变，如图7.72所示。

2.设置文字属性

1.选择横排文字蒙版工具

图7.71 创建文字选区

3.在图像上单击并输入数字

2.打开【渐变样本】面板　　4.选择填充渐变方式　　5.新增一个图层

3.选择一种渐变样本

1.选择渐变工具

图7.72 为选区填充渐变

6.为选区填充渐变颜色

12 按下Ctrl+D组合键取消选择，然后打开新增图层的【图层样式】对话框，选择【斜面和浮雕】复选项，再设置效果选项和光泽等高线，如图7.73所示。

13 在【图层样式】对话框中选择【描边】复选项，然后设置描边的颜色为【白色】，再设置其他描边效果选项，接着单击【确定】按钮，如图7.74所示。

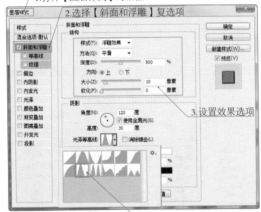

1.打开【图层样式】对话框

2.选择【斜面和浮雕】复选项

3.设置效果选项

图7.73 添加斜面和浮雕效果

4.选择一种光泽等高线类型

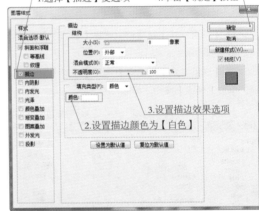

1.选择【描边】复选项　　4.单击【确定】按钮

3.设置描边效果选项

2.设置描边颜色为【白色】

图7.74 添加描边效果

14 再次选择【横排文字工具】 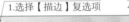，在选项栏中设置文字属性，然后在"7"字右侧输入一个"折"字，如图7.75所示。

2.设置文字属性

1.选择横排文字工具

图7.75 输入文字

3.输入文字

7.5.2 用滤镜制作 创意标题

上例创建文字后，主要使用图层样式对文字进行美化和制作效果。本例将介绍使用滤镜来制作富有创意的标题效果。在本例中，首先要将需要添加滤镜的文字进行栅格化处理，然后为"Vivian Girl"文字应用"点状化"和"凸出"滤镜，再为另一行文字应用"波纹"和"极坐标"滤镜，最后适当调整文字的位置即可，结果如图7.76所示。

图7.76 使用滤镜制作标题的结果

用滤镜制作创意标题的操作步骤如下（练习文件：..\Example\Ch07\7.5.2.psd）。

`01` 打开练习文件，再打开【图层】面板，选择【Vivian Girl】文字图层，然后将文字进行栅格化处理，如图7.77所示。

图7.77 栅格化文字

02 选择栅格化文字的图层，然后选择【滤镜】|【像素化】|【点状化】
命令，接着在打开的对话框中设置单元格大小为31，并单击【确定】按钮，
如图7.78所示。

图7.78 应用【点状化】滤镜

03 选择【滤镜】|【风格化】
|【凸出】命令，打开【凸出】对
话框后，设置凸出类型为【金字
塔】，再设置大小和深度，接着单
击【确定】按钮，如图7.79所示。

图7.79 应用【凸出】滤镜

04 再次打开【图层】面板，选择另一行文字所在的文字图层，然后将文字
进行栅格化处理，如图7.80所示。

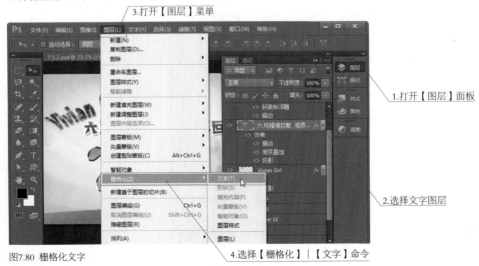

图7.80 栅格化文字

05 选择【滤镜】|【扭曲】|【波纹】命令，打开【波纹】对话框后，设置数量和大小，接着单击【确定】按钮，如图7.81所示。

06 选择【滤镜】|【扭曲】|【极坐标】命令，打开【极坐标】对话框后，选择【平面坐标到极坐标】单选按钮，接着单击【确定】按钮，如图7.82所示。

图7.81 应用【波纹】滤镜　　2.设置数量为120%，大小为【中】　　图7.82 应用【极坐标】滤镜

07 此时将文字移到数字"7"的下方，然后通过【图层】面板将除"Vivian Girl"文字所在图层外的其他文字所在的图层选中，再向上移动调整位置，如图7.83所示。

图7.83 调整文字的位置　　1.将另一行文字移到数字"7"下方　　3.使用移动工具向上移动文字

7.6 小结与思考

本章主要介绍了文字与滤镜在Photoshop中的应用，其中包括创建文字、创建文字选区、设置字符和段落格式、制作文字特效、使用滤镜制作图像效果等内容。

思考与练习

（1）思考

对于Photoshop来说，文字分为哪些类型，他们的区别是什么？

提示：点文字和段落文字。

如果想要制作弯曲文字效果，可以使用什么方法？

提示：1.应用文字变形处理；2.应用路径创建文字。

文字图层可以直接应用滤镜吗？如果不可以，应该怎样处理？

（2）练习

本章练习题要求使用多个滤镜，将如图7.84所示的练习文件制作成如图7.85所示的水彩画效果。（练习文件：..\Example\Ch07\7.6.jpg）

提示：可以使用"成角的线条"滤镜、"阴影线"路径和"水彩"滤镜。

图7.84 原图

图7.85 制成水彩画的效果

Web图像与自动化应用

Photoshop不单是图像处理的专业软件，它还对处理网页图像和发布提供强大的功能。用户可以在Photoshop中设计网页页面，再进行切割，然后发布成网页即可。

另外，为了方便用户快速处理图像和设计特效，Photoshop提供了"动作"、"自动"和"脚本"功能，允许用户记录与播放命令，或者批量处理图像，从而提高图像处理的效率。

Chapter

8.1 应用与切片Web图像

学习内容：使用Web安全颜色、预览Web图像和使用切片。

学习目的：掌握使用Web安全颜色处理图像、将图像导出到Zoomify以
进行预览，以及使用切片的方法。

学习备注：将图像作为Web页应用，创建与设置切片是重要的操作。

使用Photoshop的Web工具和相关功能，用户可以轻松将图像构建成网
页及其组件，或者按照预设或自定格式输出完整网页。

8.1.1 使用Web 安全颜色

　　Photoshop可以显示图像颜色的十六进制值或拷贝颜色的十六进制
值，以便在HTML文件中使用。但是，为了让在Photoshop上设计的Web
图像与发布到网络上的颜色效果一致，在设计图像过程中，需要应用
Web安全颜色。

　　Web 安全颜色是浏览器使用的216种颜色，在8位屏幕上显示颜色
时，浏览器将图像中的所有颜色更改成这些颜色。只有使用这些颜色
时，准备的发布到网络的Web图像在发布后，才不会在浏览器中出现
仿色的问题。

> **注意** 仿色，就是浏览器遇到不能识辨的颜色时，会根据颜色的值
> 而使用相近的Web安全颜色替代。因此，仿色会让图像原来
> 的颜色出现偏差。

1.在拾色器中选择Web安全颜色

　　要在拾色器中选择Web安全颜色，可以在打开的拾色器中选择左
下角的【只有Web颜色】复选框。选中此选项后，所拾取的任何颜色
都是Web安全颜色，如图8.1所示。

2.将非Web颜色更改为Web安全颜色

　　如果选择了非Web颜色，则在拾色器颜色框的旁边会显示一个警
告立方体 图标。此时只需单击警告立方体图标，即可选择最接近的
Web安全颜色，如图8.2所示。如果未出现警告立方体 图标，则表明
所选的颜色是Web安全颜色。

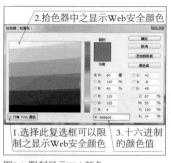

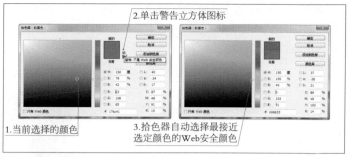

图8.1 限制显示Web颜色

图8.2 将非Web颜色更改为Web安全颜色

3.使用【颜色】面板选择Web安全颜色

要通过【颜色】面板选择Web安全颜色，可以先打开【颜色】面板，然后打开面板菜单，再选择下面的命令之一。

【建立Web安全曲线】命令：选中此命令后，所拾取的任何颜色都是Web安全颜色，如图8.3所示。

【Web颜色滑块】命令：默认情况下，在拖动Web颜色滑块时，这些滑块会迅速定位Web安全颜色（由刻度指示），如图8.4所示。如果不想选择Web安全颜色，可以在拖动滑块时按住Alt键。

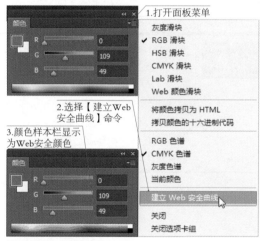

图8.3 建立Web安全曲线

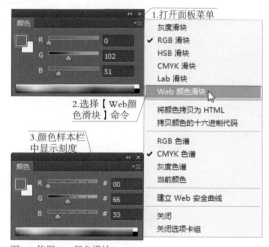

图8.4 使用Web颜色滑块

8.1.2 导出到Zoomify

由于Photoshop没有直接通过浏览器浏览图像的功能，很多用户在设计好Web图像后，都想知道图像在Web中浏览的结果。此时，用户可以通过导出到Zoomify的操作，快速预览图像的效果。

【Zoomify】功能可以让用户将高分辨率的图像发布到Web上，并可通过平移和缩放图像的方式查看图像细节。

要使用【Zoomify】功能，可以选择【文件】|【导出】|【Zoomify】命令，然后在打开的【Zoomify导出】对话框中选择Zoomify提供的模版，再设置输出位置、拼贴选项、浏览器选项等内容，如图8.5所示。设置完成后，单击【确定】按钮，即可通过浏览器预览图像，如图8.6所示。

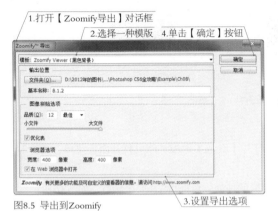

图8.5 导出到Zoomify

图8.6 通过浏览器查看图像

当使用【Zoomify】功能导出图像后，Photoshop会导出JPEG文件和HTML文件，用户可以将这些文件上载到Web服务器，以供各地浏览者查看，如图8.7所示。

图8.7 导出到Zoomify生成的文件

> **注意**
>
> Zoomify是第三方厂商，Zoomify的产品，满足高分辨率成像的需要创造性的专业人士，形象为中心的业务，数字家电公司。Zoomify在Photoshop中提供HTML，JPEG文件和JavaScript网页上的互动观看高质量图像放大的功能模块【Zoomify】。

8.1.3 将Web图像切片

切片使用HTML表或CSS图层将图像划分为若干较小的图像，这些图像可在Web页上重新组合。用户通过切片划分Web页图像，之后可以指定不同的URL链接以创建页面导航，或使用其自身的优化设置对图像的每个部分进行优化。图8.8所示对图像切片后的结果。

当用户使用【存储为Web和设备所用格式】命令来导出包含切片的图像时，Photoshop将每个切片存储为单独的文件并生成显示切片图像所需的HTML或CSS代码。

切片按照创建方式，分为用户切片、基于图层切片和自动切片三个种类。

用户切片：使用切片工具创建的切片。

基于图层切片：通过图层创建的切片。

自动切片：当创建新的用户切片或基于图层的切片时，将会生成附加自动切片来占据图像的其余区域。换句话说，自动切片填充图像中用户切片或基于图层的切片未定义的空间，如图8.9所示。用户每次添加或编辑用户切片或基于图层的切片时，都会重新生成自动切片。

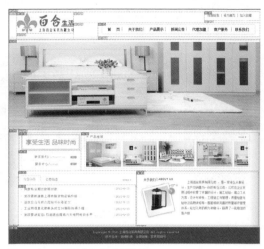

图8.8 对Web页图像切片后的结果

图8.9 自动切片

将Web页面图像切片的操作步骤如下（练习文件：..\Example\Ch08\8.1.3.psd）。

01 打开练习文件，然后在工具箱中选择【切片工具】，接着在选项栏中设置下列选项，如图8.10所示。

正常：在拖动时确定切片比例。

固定长宽比：设置高宽比。输入整数或小数作为长宽比。例如，若要创建一个宽度是高度两倍的切片，可以输入宽度2和高度1。

固定大小：指定切片的高度和宽度。输入整数像素值。

02 在要创建切片的区域上拖动，如图8.11所示。按住Shift键并拖动可将切片限制为正方形；按住Alt键拖动可从中心绘制。

图8.10 选择工具并设置选项

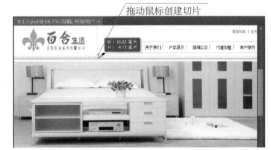

图8.11 创建切片

03 如果想要基于参考线创建切片，可以在图像上添加参考线，然后单击选项栏的【基于参考线的切片】按钮，如图8.12所示。

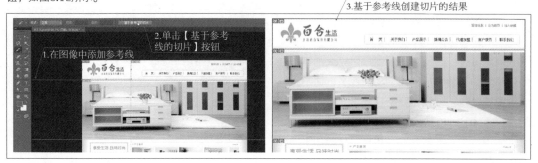

图8.12 基于参考线创建切片

04 如果想要基于图层创建切片，可以打开【图层】面板并选择图层，然后选择【图层】|【新建基于图层的切片】命令即可，如图8.13所示。

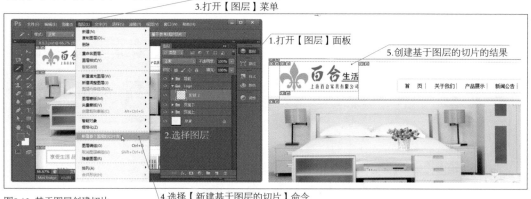

图8.13 基于图层创建切片

8.1.4 选择与修改切片

创建切片后，为了让切片的使用更加合理，很多时候需要选择与修改它。

1.选择一个或多个切片

要选择一个或多个切片，可以执行以下的操作之一：

选择【切片选择工具】并在图像中单击相应的切片，如图8.14所示。选择重叠切片时，单击底层切片的可见部分选择底层切片。

选择【切片选择工具】，然后按住Shift键单击，以便选择到多个切片，如图8.15所示。

图8.14 选择切片

图8.15 选择多个切片

技巧 在使用【切片工具】或【切片选择工具】时，通过按住Ctrl键，可以从一个工具切换到另一个工具。

2.移动用户切片或调整其大小

要移动用户切片或调整其大小，可以先选择一个或多个用户切片，然后执行下列操作之一：

若要移动切片，可以移动切片选框内的指针，将该切片拖动到新的位置，如图8.16所示。按住Shift键可将移动限制在垂直、水平或45°对角线方向上。

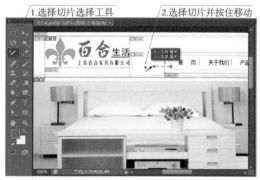

图8.16 移动用户切片

若要调整切片大小，可以选择切片的边手柄或角手柄并拖动。如果选择相邻切片并调整其大小，则这些切片共享的公共边缘将一起调整大小，如图8.17所示。

图8.17 调整切片大小

3.划分用户切片和自动切片

划分切片可以沿水平方向、垂直方向或同时沿这两个方向划分切片。不论原切片是用户切片还是自动切片，划分后的切片总是用户切片。【划分切片】功能无法划分基于图层的切片。

划分用户切片和自动切片的操作步骤如下。

图8.18 启用划分

01 选择一个或多个切片。

02 在【切片选择工具】 处于选定状态的情况下，在选项栏中单击【划分】按钮，如图8.18所示。

03 选择【划分切片】对话框中的【预览】复选框以预览更改。

04 在【划分切片】对话框中，选择下列选项之一或全部。

水平划分为：在长度方向上划分切片。

垂直划分为：在宽度方向上划分切片。

05 定义要如何划分每个选定的切片：

选择【纵向切片】或【横向切片】选项并在起文本框中输入一个值，以便将每个切片平均划分为指定数目的切片，如图8.19所示。

选择【像素/切片】选项并在其文本框中输入一个值，以便使用指定数目的像素创建切片，如图8.20所示。如果按该像素数目无法平均地划分切片，则会将剩余部分划分为另一个切片。例如，如果将100像素宽的切片划分为3个30像素宽的新切片，则剩余的10像素宽的区域将变成一个新的切片。

06 完成设置后，单击【确定】按钮。

4.组合切片

在修改切片过程中，用户可以将两个或多个切片组合为一个单独的切片。Photoshop利用通过连接组合切片的外边缘创建的矩形来确定所生成切片的尺寸和位置。如果组合切片不相邻，或者比例或对齐方式不同，则新组合的切片可能会与其他切片重叠。

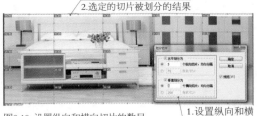

图8.19 设置纵向和横向切片的数目

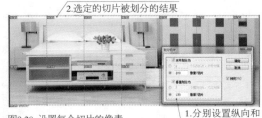

图8.20 设置每个切片的像素

> **注意**　组合切片将采用选定的切片系列中的第一个切片的优化设置。组合切片始终为用户切片，而与原始切片是否包括自动切片无关。另外，用户无法组合基于图层的切片。

　　要组合切片，可以选择两个或更多的切片，然后在选定切片上单击右键，再选择【组合切片】命令，如图8.21所示。

5.删除切片

　　在Photoshop中，用户无法删除自动切片，但可以删除用户切片和基于图层的切片。

　　删除了用户切片或基于图层的切片后，将会重新生成自动切片以填充文档区域。删除基于图层的切片并不删除相关图层；但是，删除与基于图层的切片相关的图层会删除该基于图层的切片。

　　要删除切片，可以选择一个或多个切片，然后执行下列的操作之一：

　　选择【切片工具】或【切片选择工具】，并按下Backspace键或Delete键。

　　在选定的切片上单击右键，然后选择【删除切片】命令。

　　要删除所有用户切片和基于图层的切片，可以选择【视图】|【清除切片】命令，如图8.22所示。

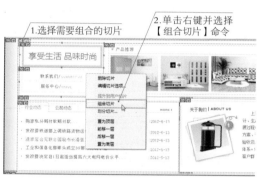

图8.21 组合切片

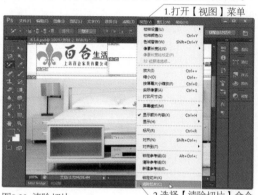

图8.22 清除切片

8.1.5 设置切片选项

　　对图像进行切片处理后，用户可以通过【切片选项】对话框中设置切片的名称、尺寸、对齐方式、背景颜色等选项，以及为切片设置链接，让切片在Web上可以更加有效地应用。

　　设置切片选项的操作步骤如下（练习文件：..\Example\Ch08\8.1.5.psd）。

01 打开练习文件，然后选择【切片选择工具】，再选择一个切片，接着在选项工具栏上单击【切片选项】按钮，如图8.23所示。

02 打开【切片选项】对话框后，指定切片内容类型，如图8.24所示。

　　图像：图像切片包含图像数据，是默认的内容类型。

　　无图像：允许创建可在其中填充文本或纯色的空表单元格，用户可以在【无图像】切片中输入HTML文本。类型为【无图像】的切片不会被导出为图像，并且无法在浏览器中预览。

　　表：将切片创建为表格。

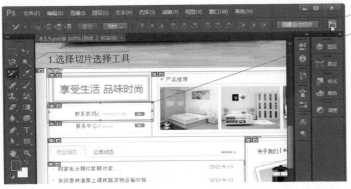

2.选择需要设置选项的切片

3.单击【切片选项】按钮

1.选择切片选择工具

图8.23 打开【切片选项】对话框

图8.24 指定切片内容类型

03 设置切片的名称。默认的切片名称是【文件名称+编号】组成，此时用户可以重命名切片。在向图像中添加切片时，根据内容来重命名切片会很有用。

04 为图像切片指定URL链接信息。为切片指定URL可使整个切片区域成为所生成Web页中的链接。当用户单击链接时，Web浏览器会导航到指定的URL和目标框架。

05 可以在【目标】文本框中输入目标框架的名称。

_blank：在新窗口中显示链接文件，同时保持原始浏览器窗口为打开状态。

_self：在原始文件的同一框架中显示链接文件。

_parent：在自己的原始父框架组中显示链接文件。链接文件显示在当前的父框架中。

_top：用链接的文件替换整个浏览器窗口，移去

当前所有帧。当用户单击链接时，指定的文件将出现在新框架中。

06 指定浏览器消息和替代文本。

消息文本：为选定的切片设置在浏览器状态栏显示的消息。默认情况下，将显示切片的URL（如果有）。

Alt标记：指定选定切片的Alt标记。Alt文本出现，取代非图形浏览器中的切片图像。Alt文本还在图像下载过程中取代图像，并在浏览器中作为工具提示出现。

07 如有必要，可以设置切片的尺寸和位置，接着为切片选择一种背景色。

08 完成这些设置后，单击【确定】按钮即可，如图8.25所示。当Web图像导出成网页后，将鼠标移到设置切片选项的图像上时，即可看到Alt标记和消息文本，如图8.26所示。

1.将Web图像发布成网页并通过浏览器打开

2.将鼠标移到切片图像上即显示Alt标记信息

4.单击【确定】按钮

1.设置切片内容选项

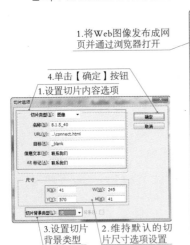

3.设置切片背景类型

2.维持默认的切片尺寸选项设置

图8.25 设置切片选项

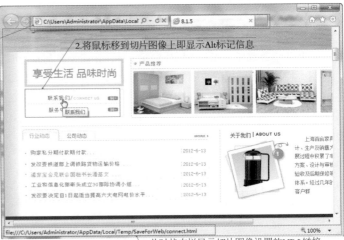

3.此时状态栏显示切片图像设置的URL链接

图8.26 预览网页

8.1.6 将Web图像 存储为网页

Web图像设计并创建好切片后，即可将图像存储为网页，以发布到网站。在Photoshop中，用户可以通过【存储为Web所用格式】对话框将图像存储为网页，并对图像切片进行优化处理。关于【存储为Web所用格式】的操作，本书第一章已经有详细介绍，在此不再详述。

用户除了通过【存储为Web所用格式】对话框优化切片外，还可以使用【切片选择工具】选择切片。如果想要显示所有切片，则可以单击【切换切片可见性】按钮，如图8.27所示。

当设置完后，可以单击对话框左下方的【预览】按钮，通过浏览器预览Web图像存储成网页的效果，如图8.28所示。

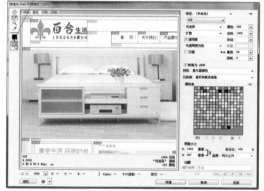

图8.27 切换切片的可见性

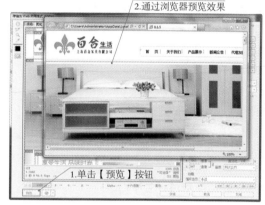

图8.28 预览Web存储成网页的效果

8.2 应用动作快速处理图像

学习内容：动作的应用。

学习目的：掌握通过【动作】面板载入与复位动作、播放动作、创建动作和编辑动作的方法。

学习备注：将记录命令的动作应用到图像，可快速完成图像的处理。

Photoshop身为图像处理大师，它除了提供强大的功能外，还提供一些智能化的操作，而"动作"就是最能代表Photoshop智能化图像处理的功能之一。

8.2.1 动作与【动作】面板

在Photoshop中，动作就是指播放单个文件或一批文件的一系列命令。例如用户可以创建"建立选区→扩展选区→羽化选区→删除选区内容→保存文件"的动作，然后可以将此动作应用到单个或多个文件上，使这些图像一次执行这些操作过程，从而达到自动化、批量处理图像的目的。

Photoshop的大多数命令和工具操作都可以记录在动作中，它可以包含停止，使用户可以执行无法记录的任务（如使用绘画工具等）。同时，动作也可以包含模态控制，使用户可以播放动作时在对话框中输入值。

Photoshop包含了许多默认的动作，用户只需在菜单栏中选择【窗口】|【动作】命令，或按下Alt+F9组合键，即可打开如图8.29所示的【动作】面板，单击动作前面的三角图标，便可打开或折叠已记录的命令。

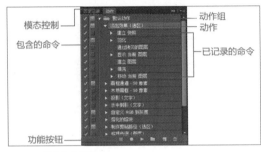

图8.29 【动作】面板

8.2.2 载入与复位动作

默认情况下，【动作】面板只显示【默认动作】列表，不过Photoshop CS6还提供了多种类型的动作组，用户可根据需要载入这些动作组。对【动作】面板中的动作进行更改调整后，也可复位动作组，使其还原到默认状态。

若要载入动作组，用户只需打开【动作】面板菜单，然后选择【载入动作】命令，接着在打开的【载入】对话框中选择需要载入的动作文件，单击【载入】按钮即可，如图8.30所示。此时【动作】面板将新增一个文件夹，用于放置该动作组的动作，如图8.31所示。

图8.30 载入动作

图8.31 载入动作组的结果

若要复位动作，用户只需打开【动作】面板菜单，然后选择【复位动作】命令，接着在打开的提示对话框中单击【确定】按钮，如图8.32所示。

1.选择【复位动作】命令即打开提示对话框

2.单击【确定】按钮

图8.32 复位动作

8.2.3 切换面板显示模式

【动作】面板默认以"列表模式"显示动作，但它也提供一种"按钮模式"显示动作，用户只需单击对应的动作按钮，即可应用该动作。

想要使用"按钮模式"显示动作，可以打开【动作】面板菜单，然后选择【按钮模式】命令即可，如图8.33所示。

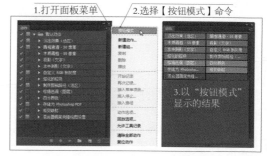

1.打开面板菜单　　2.选择【按钮模式】命令

3.以"按钮模式"显示的结果

图8.33 切换显示模式

8.2.4 对文件播放动作

播放动作可以在当前活动文件中执行动作记录的命令，其中一些动作需要先行选择才可播放；而另一些动作则可对整个文件执行。如果动作包括模态控制，用户可以在对话框中指定值或在动作暂停时使用工具。如果想排除动作中的特定命令或只播放单个命令，用户可以取消选择动作包含的命令。

技巧 在"按钮模式"下，点按一个按钮将执行整个动作，但不执行先前已排除的命令。

对文件播放动作的操作步骤如下（练习文件：..\Example\Ch08\8.2.4.jpg）。

01 打开练习文件，如果需要可以选择要对其播放动作的对象。

02 执行以下操作之一：

若要播放整个动作，可以选择该动作的名称，然后在【动作】面板中单击【播放】按钮▶，或从面板菜单中选择【播放】命令，如图8.34所示。

如果为动作指定了组合键，则按该组合键就会自动播放动作。

若要仅播放动作的一部分，则可以选择要开始播放的命令，并单击【动作】面板中的【播放】按钮，或从面板菜单中选择【播放】命令。

若要播放单个命令，则可以选择该命令，然后按住Ctrl键并单击【动作】面板中的【播放】按钮，也可以按住Ctrl键并双击该命令。

03 如果播放动作过程中弹出信息对话框，单击【继续】按钮可以继续播放动作；单击【停止】按钮可以取消播放动作，如图8.35所示。播放完动作后，即可通过文件窗口查看结果，如图8.36所示。

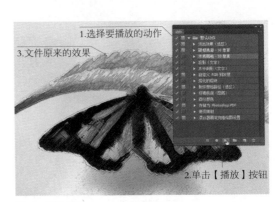

图8.34 播放动作

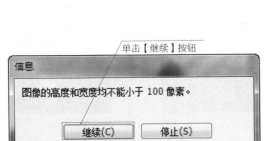

图8.35 【信息】对话框

图8.36 为文件播放动作的结果

8.2.5 创建动作与插入停止

除了使用Photoshop默认的动作外，用户也可自行创建动作并记录操作。

创建动作的方法很简单，只需在【动作】面板中单击【创建新动作】按钮，打开【新建动作】对话框后，设置动作名称、目标组（即放置在那个动作组内）、功能键、颜色等属性，然后单击【记录】按钮，如图8.37所示。此时用户在图像上进行操作即可，这些操作将会被记录。

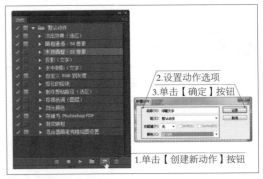

图8.37 创建动作

当需要停止记录动作时，只需单击【动作】面板的【停止播放/记录】按钮即可，如图8.38所示。

1.单击【停止播放/记录】按钮

2.记录动作时该按钮显示为红色

3.记录的操作会包含在动作中

图8.38 停止记录动作

在创建动作中，用户可以在动作中包含停止，以便执行无法记录的任务（如使用绘图工具）。也可以在动作停止时显示一条简短消息，提醒在继续执行动作之前需要完成的任务。用户可以在消息框中包含【继续】按钮，以防止万一出现不需要完成其他任务的情况。

要在动作中插入停止，可以先选择一个命令，以便在该名称后插入停止。此时打开【动作】面板菜单，并选择【插入停止】命令，然后在【记录停止】对话框中输入希望显示的信息。如果希望用户可以继续执行动作而不停止，可以选择【允许继续】复选框，最后单击【确定】按钮即可，如图8.39所示。

当播放动作到插入停止的命令时，会弹出信息对话框，显示用户输入的信息，如图8.40所示。

2.打开面板菜单
3.选择【插入停止】命令
4.输入信息
6.单击【确定】按钮
1.选择动作的命令
5.选择【允许继续】复选框

图8.39 插入停止

1.插入停止的命令
2.播放到停止后弹出信息对话框

图8.40 播放停止动作

8.2.6 记录动作命令的原则

记录动作命令的原则如下：

用户可以在动作中记录大多数（而非所有）命令。

在Photoshop中，用户可以记录用【选框】、【移动】、【多边形】、【套索】、【魔棒】、【裁剪】、【切片】、【魔术橡皮擦】、【渐变】、【油漆桶】、【文字】、【形状】、【注释】、【吸管】和【颜色取样器】工具执行的操作，也可以记录在【历史记录】、【色板】、【颜色】、【路径】、【通道】、【图层】、【样式】和【动作】面板中执行的操作。

播放动作的结果取决于文件和程序设置的变量（如现用图层和前景色）。例如，3像素的高斯模糊在72ppi文件上创建的效果与在144ppi文件上创建的效果不同，【色彩平衡】在灰度文件上创建的效果也是如此。

如果记录的动作包含在对话框和面板中指定设置，则动作将反映记录时有效的设置。如果在记录动作的同时更改对话框或面板中的设置，则会记录更改的值。

模态操作和工具以及记录位置的工具都使用当前为标尺指定的单位。模态操作或工具要求按Enter键或Return键才可应用其效果，例如变换或裁剪。记录位置的工具包括【选框】、【切片】、【渐变】、【魔棒】、【套索】、【形状】、【路径】、【吸管】和【注释】工具。

用户可以记录【动作】面板菜单上列出的【播放】命令，使一个动作播放另一个动作。

8.3 批量图像自动化处理

学习内容：【自动】和【脚本】命令的应用。

学习目的：掌握使用【自动】命令和【脚本】命令对批量图像进行自动化处理的方法。

学习备注：通过不同的自动命令，可以便捷地一次性处理大量图像。

除了前面介绍的动作外，Photoshop CS6还提供了多种自动化图像处理功能，例如【批处理】、【PDF演示文稿】、【联系表】、【镜头校正】、【图像处理器】等。

8.3.1 批处理图像

【批处理】命令可以对一个文件夹中的文件应用动作。当对文件进行批处理时，Photoshop会打开、关闭所有文件并播放动作，最后保存对源文件的更改，或将修改后的文件保存到新的位置（原始图像保持不变）。

技巧 动作是批处理的基础，在进行批处理图像时，必须有动作才可执行所有的处理步骤。

批处理图像的操作步骤如下（练习文件：..\Example\Ch08\8.3.1*.jpg）。

`01` 在进行批处理图像前，首先将要处理的图像放置在一个文件夹内。如果需要将批处理的图像存储到新位置，则需要先创建另一个目标文件夹。

`02` 打开Photoshop CS6，然后选择【文件】|【自动】|【批处理】命令，如图8.41所示。

`03` 在【组】和【动作】下拉菜单中指定要用来处理文件的动作，如图8.42所示。菜单会显示【动作】面板中可用的动作。如果未显示所需的动作，可能需要选择另一组或在面板中载入动作组。

图8.41 执行【批处理】命令

图8.42 设置动作组和动作

`04` 从【源】下拉菜单中选择要处理图像所在的文件夹，然后指定目标文件夹，如果目标为【文件夹】，则需要为图像指定保存的目录；如果目标为【无】，则被处理的图像打开在Photoshop中；如果目标为【存储并关闭】，则图像替换原图像直接被保存。

`05` 设置处理、存储和文件命名选项，最后单击【确定】按钮即可，如图8.43所示。设置选项的说明如下。

覆盖动作中的"打开"命令：确保在没有打开已在动作的【打开】命令中指定的文件的情况下，已处理在【批处理】命令中选定的文件。如果动作包含用于打开已存储文件的【打开】命令而又未选择此

图8.43 设置源和目标选项

选项，则【批处理】命令只会打开和处理用于记录此【打开】命令的文件。要使用此选项，动作必须包含【打开】命令。否则，【批处理】命令将不会打开已选择用来进行批处理的文件。

包含所有子文件夹：处理指定文件夹的子目录中的文件。

禁止颜色配置文件警告：关闭颜色方案信息的显示。

禁止显示文件打开选项对话框：隐藏【文件打开选项】对话框，将使用默认设置或以前指定的设置。当对相机原始图像文件的动作进行批处理时，这是很有用的。

覆盖动作中的"存储为"命令：确保将已处理的文件存储到在【批处理】命令中指定的目标文件夹中，存储时采用其原始名称或在【批处理】对话框的【文件命名】部分中指定的名称。

文件命名：如果将文件写入新文件夹，可以指定文件命名约定。从下拉菜单中选择元素，或在字段中输入要组合为全部文件的默认名称的文本。可以通过这些字段，更改文件各各部分的顺序和格式。每个文件必须至少有一个唯一的字段（例如，文件名、序列号或连续字母）以防文件相互覆盖。起始序列号为所有序列号字段指定起始序列号。

06 如果动作包含停止动作，弹出信息对话框时，单击【继续】按钮继续执行动作，如图8.44所示。

07 当批处理完成后，即可进入保存图像的目标文件夹，查看批处理结果，如图8.45所示。

图8.44 继续执行动作

图8.45 查看批处理结果

8.3.2 制作PDF演示文稿

【PDF演示文稿】命令允许用户使用多种图像创建多页面文档或放映幻灯片演示文稿。另外，用户可以设置选项以维护PDF中的图像品质，指定安全性设置以及将文档设置为像放映幻灯片那样自动打开。

制作PDF演示文稿的操作步骤如下（练习文件：..\Example\Ch08\8.3.2*.jpg）。

01 在进行批处理图像前，首先将要处理的图像放置在一个文件夹内。

02 打开Photoshop CS6，然后选择【文件】|【自动】|【PDF演示文稿】命令。

03 打开【PDF演示文稿】对话框后，单击【浏览】按钮，通过【打开】对话框选择练习文件夹的全部图像，然后单击【打开】按钮，如图8.46所示。

返回【PDF演示文稿】对话框后，设置存储为【多页面文档】或【演示文稿】选项。如果选择【演示文稿】选项则再可以设置换片间隔时间、过渡效果和是否循环，接着设置【包含】选项，并单击【存储】按钮，如图8.47所示。

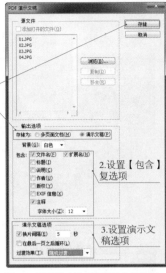

图8.46 指定源文件

图8.48 设置输出选项和演示文稿选项

打开【存储】对话框后，指定存储目录，然后设置文件名称，再单击【保存】按钮，如图8.48所示。

打开【存储Adobe PDF】对话框后，设置PDF的质量、标准以及兼容性，接着选择【一般】项目，并设置相关选项，如图8.49所示。

选择【压缩】项目，再设置压缩选项，如图8.50所示。

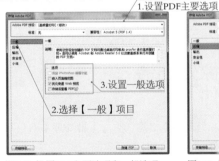

图8.48 设置存储选项

图8.49 设置PDF主要选项和一般选项

图8.50 设置压缩选项

选择【安全性】选项，然后通过选项卡设置打开文件口令或许可权限，单击【存储PDF】按钮，如图8.51所示。

存储成PDF演示文稿后，即可通过"Adobe Acrobat"程序或"Adobe Reader"程序来打开演示文稿。打开后即可浏览播放的演示文稿，如图8.52所示。浏览演示文稿后，可返回"Adobe Acrobat"或"Adobe Reader"应用程序界面查看文稿文件，如图8.53所示。

图8.51 设置安全性选项

04.JPG

图8.52 打开演示文稿后全屏播放

图8.53 通过Adobe Reader查看文稿文件

8.3.3 使用图像处理器转换文件

图像处理器可以转换和处理多个文件。它与【批处理】命令不同，用户不必先创建动作，就可以使用图像处理器来处理文件。

用户可以在图像处理器中执行下列任何操作：

将一组文件转换为JPEG、PSD或TIFF格式之一，或者将文件同时转换为所有三种格式。

使用相同选项来处理一组相机原始数据文件。

调整图像大小，使其适应指定的像素大小。

嵌入颜色配置文件或将一组文件转换为sRGB，然后将它们存储为用于Web的JPEG图像。

在转换后的图像中包括版权元数据。

使用图像处理器转换文件的操作步骤如下。

01 在使用图像处理器前，首先将要处理的图像放置在一个文件夹内。

02 打开Photoshop CS6，然后选择【文件】|【脚本】|【图像处理器】命令。

03 打开【图像处理器】对话框后，单击【选择文件夹】按钮，选择要处理的图像，如图8.54所示。可以选择处理任何打开的文件，也可以选择处理一个文件夹中的文件。

04 如有需要，可以选择【打开第一个要应用设置的图像】复选框，以便对所有图像应用相同的设置。

技巧 如果要处理一组在相同光照条件下拍摄的相机原始数据文件，可以将第一幅图像的设置调整到满意的程度，然后对其余图像应用同样的设置；如果文件的颜色配置文件与工作配置文件不符，可以对PSD或JPEG源图像应用此选项。

05 选择要存储处理后的文件位置，如图8.55所示。如果多次处理相同文件并将其存储到同一目标，每个文件都将以其自己的文件名存储，而不进行覆盖。

06 选择要存储的文件类型和选项，以及调整大小，如图8.56所示。

存储为JPEG将图像：以JPEG格式存储在目标文件夹中名为 JPEG 的文件夹中。

品质：设置JPEG图像品质（0到12）。

调整大小以适合：调整图像大小，使之适合在【宽度】和【高度】中输入的尺寸。图像将保持其原始比例。

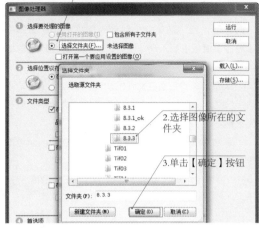

图8.54 选择要处理的图像

将配置文件转换为sRGB：将颜色配置文件转换为sRGB。如果要将配置文件与图像一起存储，请确保选中【包含ICC配置文件】复选框。

存储为PSD：将图像以Photoshop格式存储在目标文件夹中名为PSD的文件夹中。

最大兼容：在目标文件内存储分层图像的复合版本，以兼容无法读取分层图像的应用程序。

存储为TIFF：将图像以TIFF格式存储在目标文件夹中名为TIFF的文件夹中。

LZW压缩：使用LZW压缩方案存储TIFF文件。

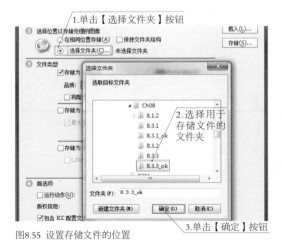

图8.55 设置存储文件的位置

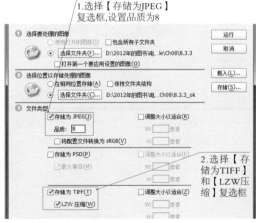

图8.56 设置文件类型选项

07 设置其他处理选项。

运行动作：运行Photoshop动作。从第一个菜单中选择动作组，从第二个菜单中选择动作。必须在【动作】面板中载入动作组后，它们才会出现在这些菜单中。

版权信息：包括在文件的IPTC版权元数据中输入的任何文本。此处所含文本将覆盖原始文件中的版权元数据。

包含ICC配置文件：在存储的文件中嵌入颜色配置文件。

08 设置完成后，单击【运行】按钮，如图8.57所示。

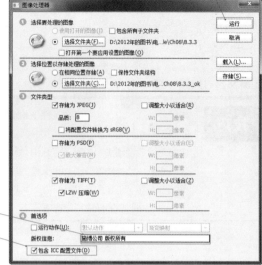

3.单击【运行】按钮

1.输入版权信息

2.选择【包含ICC配置文件】复选框

图8.57 设置首选项

当完成转换操作后，可以进入用于保存文件的文件夹查看结果。此时可以看到JPEG和TIFF两种格式的文件分别放置在两个独立的文件夹内，如图8.58所示。

进入文件夹，可以选择某个文件，再打开该文件的的【属性】对话框，然后切换到【详细信息】选项卡，在此可以看到文件的大小和设置的版权信息，如图8.59所示。

2.切换到【详细信息】选项卡

图8.58 查看转换后的文件

1.选择图像并打开其【属性】对话框

3.查看图像的信息

图8.59 查看图像属性

8.4 设计跟练

学习内容: Web图像的应用和自动化处理。
学习目的: 掌握将Web图像进行切片和存储、创建快捷批处理、快速制作联系表的方法。
学习备注: 跟练处理网站首页、创建快捷批处理和制作联系表实例。

切片与存储
网站首页

本例将通过Photoshop将Web网站首页的图像进行切片处理并存储为HTML网页文件。在本例的操作中,首先通过手动方式在图像上创建多个用户切片,然后根据图层创建基于图层的切片,接着通过【存储为Web所用格式】对话框,将Logo所在的切片使用JPEG优化,其他切片则使用PNG优化,最后存储成HTML网页文件,结果如图8.60所示。

切片与存储网站首页的操作步骤如下(练习文件:..\Example\Ch08\8.4.1.psd)。

01 打开练习文件,然后在工具箱中选择【切片工具】 ,在选项栏中设置样式为【正常】,在首页图像导航栏以上的区域上创建用户切片,如图8.61所示。

图8.60 图像存储成网页并预览的结果　　图8.61 创建页首区域的用户切片

02 选择【切片工具】,在图像的导航栏上创建另一个用户切片,如图8.62所示。

03 使用步骤1和步骤2相同的方法,在图像上横幅图像、产品系列区域、销售网络区域、版权信息区域上创建用户切片,结果如图8.63所示。

图8.62 创建导航栏区域的用户切片

图8.63 创建其他用户切片的结果

04 打开【图层】面板，选择Logo图层，打开【图层】菜单，选择【新建基于图层的切片】命令，创建Logo区域基于图层的切片，如图8.64所示。

05 选择图层8，选择【图层】|【新建基于图层的切片】命令，创建基于横幅图像所在图层的切片，如图8.65所示。

图8.64 新建基于Logo图层的切片

图8.65 创建基于横幅图像图层的切片

06 使用相同的方法，选择公司简介文字所在的图层并创建基于该图层的切片，结果如图8.66所示。

07 使用相同的方法，选择版权信息文字所在的图层并创建基于该图层的切片，结果如图8.67所示。

图8.66 创建基于公司简介文字图层的切片

图8.67 创建基于版权信息文字图层的切片

08 创建切片后，选择【文件】|【存储为Web所用格式】命令，打开对话框后选择Logo所属的切片，然后设置格式为JPEG、品质为100，再使用其他默认的设置，以便使用JPEG格式优化切片，如图8.68所示。

09 选择其他切片，然后均为这些切片选择【PNG-24】文件格式，以使用PNG-24格式优化除Logo切片外所有的切片，最后单击【存储】按钮，如图8.69所示。

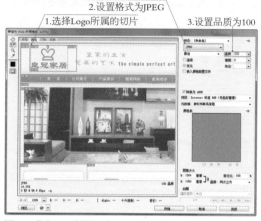

图8.68 优化Logo所属切片

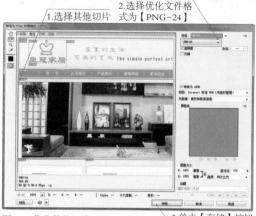

图8.69 优化其他切片　　　3.单击【存储】按钮

[10] 打开【将优化结果存储为】对话框后，指定保存文件的文件夹，再设置文件名和格式，然后单击【保存】按钮，如图8.70所示。

图8.70 将优化结果保存为网页文件

通过快捷批处理修改图像

8.4.2

【快捷批处理】命令将动作应用于一个或多个图像，或应用于用户将【快捷批处理】图标 拖动到的图像文件夹。下面将介绍通过创建一个应用【渐变映射】动作的快捷批处理程序，然后利用该程序批量修改图像。

通过快捷批处理修改图像的操作步骤如下（练习文件：..\Example\Ch08\8.4.2*.jpg）。

[01] 打开Photoshop CS6，然后选择【文件】|【自动】|【创建快捷批处理】命令。

[02] 打开对话框后，单击【选择】按钮，然后通过【存储】对话框指定用于保存快捷批处理程序文件的位置，并设置文件名，如图8.71所示。

[03] 在【组】和【动作】下拉菜单中指定要用来处理文件的动作，如图8.72所示。菜单会显示【动作】面板中可用的动作。如果未显示所需的动作，可能需要选择另一组或在面板中载入动作组。

图8.71 指定存储快捷批处理文件的位置

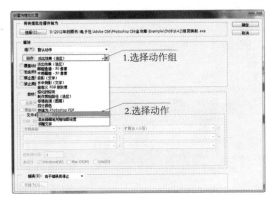

图8.72 选择用于处理文件的动作

04 从【目标】下拉菜单中选择【文件夹】，然后指定要处理图像所在的文件夹，如图8.73所示。

05 设置文件命名选项，单击【确定】按钮，如图8.74所示。

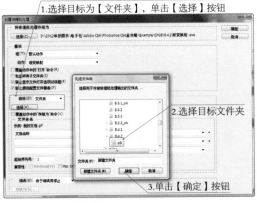

图8.73 指定目标文件夹

图8.74 设置文件命名选项

06 在存储文件夹内可以看到快捷批处理的程序文件，可以将需要处理的文件所在文件夹拖动到快捷批处理图标上，即可执行批处理，如图8.75所示。如果Photoshop尚未运行，则将启 Photoshop来执行处理。

07 当处理完成后，经过处理的图像将保存在步骤5所指定的目标文件夹内，此时可以打开该文件夹，查看处理图像的结果，如图8.76所示。

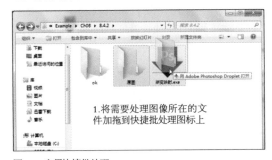

图8.75 应用快捷批处理

图8.76 查看图像处理的结果

8.4.3 快速制作名片式联系表

联系表即是可以让使用户实现通过在一页显示一系列缩览图来轻松地预览一组图像和对其编排目的的图像。在Photoshop中，使用【联系表 II】命令即可自动创建缩览图并将其放在页面上。下面将利用【联系表 II】命令，将多个名片图像制成联系表，效果如图8.77所示。

快速制作名片式联系表的操作步骤如下（练习文件：..\Example\Ch08\8.4.3*.jpg）。

01 选择【文件】|【自动】|【联系表 II】命令，打开对话框后，在【源图像】选项栏中选择【使用】选项为【文件夹】，然后单击【选取】按钮，并指定图像来源的文件夹，如图8.77所示。

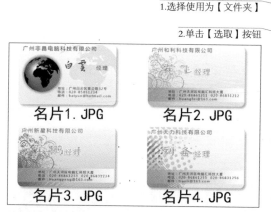

图8.77 利用名片制成联系表的效果

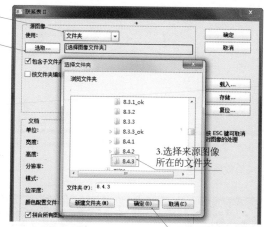

图8.77 指定源图像

02 在【文档】选项栏中设置文档选项，如果来源图像包含图层并想要合并图层的话，可以选择【拼合所有图层】复选框，如图8.78所示。

03 在【缩览图】选项栏设置缩览图选项，再设置将文件名用作题注的字体选项，单击【确定】按钮，如图8.79所示。

04 打开【存储为】对话框后，指定用于保存联系表文件的目录，然后设置文件名和格式，单击【保存】按钮，如图8.80所示。

文档		
单位：	像素	▼
宽度：	550	
高度：	355	
分辨率：	200	像素/英寸 ▼
模式：	RGB 颜色	▼
位深度：	8 位	▼
颜色配置文件：	sRGB IEC61966-2.1	▼
☑ 拼合所有图层		

图8.78 设置文档选项

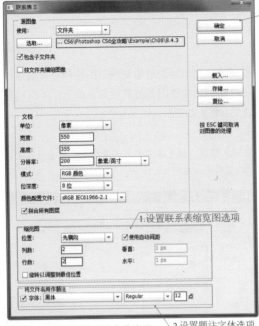

3.单击【确定】按钮

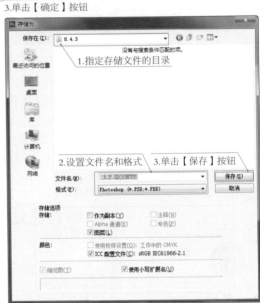

图8.79 设置缩览图选项和字体选项

图8.80 保存联系表文件

8.5 小结与思考

本章主要介绍了Web图像在Photoshop中的处理，以及在Photoshop中自动化处理图像的各种方法。其中包括使用Web安全颜色、将Web图像切片、使用【动作】面板、创建动作与播放动作、批处理图像、制作PDF演示文稿等内容。

思考与练习

（1）思考

　　① 在设计Web图像时，应该如何设置使用Web安全颜色？如果图像已经使用了非Web安全颜色，应该怎么修正这些颜色？

　　② 在Photoshop中，【批处理】命令与【创建快捷批处理】命令有什么不同，他们的应用时机是什么？

（2）练习

　　本章练习题要求使用【动作】面板中的【棕褐色调（图层）】动作，将练习文件处理成如图8.81所示的效果。（练习文件：..\Example\Ch08\8.5.psd）

图8.81 应用动作处理图像的结果

商业海报设计
——红酒海报

海报，国内流行的叫法是招贴，通常指单张纸形式、可张贴的广告印刷品。海报是最古老的商业大众传播形式之一，如今商业组织及公共机构也有用此宣传方式，其优点是：传播信息及时，成本费用低，制作简便。海报具有较典型的平面设计形式特性，比如包含各种视觉设计的基本要素。它的表现手法与设计理念，是众多广告媒介中较为典型的一种。

Chapter

9

9.1 海报设计基础知识

学习内容：海报设计的基础知识。
学习目的：了解什么是海报、海报的分类和特点，以及海报设计的原则。
学习备注：海报，是现代众多广告媒介中较为典型的一种。

在进行海报设计前，首先要了解关于海报的基础知识，例如海报的特点、海报的分类、海报设计的注意事项等。

海报的概述

　　海报是人们常见的一种招贴形式，多用于电影、戏剧、比赛、文艺演出等活动。但是，"海报"一词演变到现在，它的范围已不仅仅是职业性戏剧演出的专用张贴物了，变成向广大群众报道或介绍有关戏剧、比赛、文艺演出和报告等消息的招贴。另外，有些海报还加以美术设计，如同广告一样，向群众介绍某一产品、物体、事件的特性，变成商业性的海报广告。图9.1所示为一些海报赏析。

> **提示** 　招贴又名"海报"或"宣传画"，属于户外广告，布在各街道、影剧院、展览会、商业闹区、车站、码头及公园等公共场所。国外也称之为"瞬间"的街头艺术。

图9.1 各种海报　　1.解放初期的电影海报　　2.现代精美的电影海报　　3.现代公益海报　　4.现代创意商业海报

9.1.2 海报的类别

根据海报的宣传内容、宣传目的和宣传对象，海报大致可以划分为商业类、文化类、公益类和影视宣传类等四大类别。

1.商业类海报

商业海报是众多海报类别之中较为常见的一种，指宣传商品或服务的商业广告性海报，以盈利为目的。设计此类海报时，必须要了解受众的喜好，针对性地展示出商品的格调与优点。图9.2所示为促销海报。

2.文化类海报

文化类海报泛指各种社会活动、展览宣传海报，如博物馆展出宣传、演唱会宣传、比赛宣传，都可以文化类海报的形式作为信息散播的渠道。此类海报的设计不受任何形式的约束，设计者可以根据海报的主题增添一些艺术创新的元素。图9.3所示为比赛文化类海报。

图9.2 商品促销海报

图9.3 比赛类的文化海报

3.影视类海报

影视类海报是介于商业海报与文化海报的一种，它首先要对一部电影作品进行宣传，以保持票房的收入。另外，影视类海报又类似于戏剧文化海报，具有宣传一项活动的功能。图9.4所示为电影海报。

4.公益类海报

公益海报不以盈利为目的，用于宣扬政府或者团体的特定思想，比如环保、防火、禁烟、禁毒和保护弱势群体等，目的在于弘扬社会公德、行为操守、政治主张、弘扬爱心、无私奉献与共同进步等积极进取等主张。

图9.4 电影海报

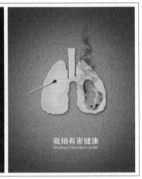

图9.5 公益海报

9.1.3 海报的特点

海报与其他广告形式相比，具有画面面积大、内容广泛、艺术表现力丰富、远视效果强烈等特点。

1.画面大

尺寸大是海报最直观的一个特点，为了避免其张贴在热闹的公众场所，而易受周围环境和各种因素的干扰，所以其画面尺寸必须要大，才可以突出产品的形象和将色彩展现在大众眼前示。其常用尺寸一般有全开、对开、长三开及物大画面（八张全开）等。

2.远视强

除了尺寸较大外，海报通常会通过突出的商标、标题、图形等设计元素的定位，给人们留下印象。另外，强烈的色彩对比与简练、大面积空白的面版编排，也可以使其成为视觉焦点，如图9.6所示和9.7所示。

3.艺本性高

海报包括了商业和非商业方面的广告，单张海报的针对性又很强。商业中的商品海报往往以具有艺术表现力的摄影、造型写实的绘画和漫画形式表现居多，给消费者留下真实感人的画面和富有幽默情趣的感受。

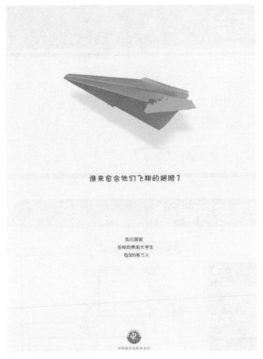

图9.6 简洁设计的海报

图9.7 色彩对比强烈的海报

9.1.4 海报设计的原则

在设计海报时要注意以下几个大原则。

为了表现出画面的视觉冲击力，设计者可以通过图像和色彩来实现。

海报又称作"瞬间的街头艺术"，与受众或许只有一眼之缘，所以表现的内容不可过多。

内容要尽量简洁，形象和色彩要简单明了，文字内容要精炼，抓住主要诉求点即可。

海报具有"远视强"的特点，为了便于观赏者快速了解内容，建议以图片为主，文案为辅。

避免使用不利于阅读的字体做主标题，务求以醒目清晰的标题吸引观赏者。

9.2 拉克斯红酒海报设计

学习内容：设计商业类产品海报。

学习目的：掌握选择素材、合成素材、调整图层色调、应用滤镜、绘制形状和应用文字等方法。

学习备注：在海报设计中，素材合成和色调调整是非常重要的。

本节将通过一个红酒海报的例子，介绍在Photoshop中设计平面作品的方法。

在本例红酒海报的设计中，以拉克斯2007年份红酒为商品主体，并使用了原生态葡萄庄园作为红酒海报的宣传主题，通过精美的葡萄庄园奠定海报作品的主要色调和背景内容，再运用特效的处理，对红酒产品进行美化和创意设计，让红酒产品成为整个作品的主要视觉点，以吸引观赏者的眼光，最后配合公司信息和相关的产品信息，直接通过文字的方式传递优质红酒产品的宣传意图，对海报进行一个完整的补充。拉克斯红酒海报的设计成果与相关信息如图9.8所示。

✳ **拉克斯红酒海报设计**

🔍 **作品展示**

🔍 **配色方案**

#130302	#5D0000	#A05B24	#CFA972	#D2C1AA

🔍 **设计概述**

在本例红酒海报的设计中，以拉克斯2007年份红酒为商品主体，并使用了原生态葡萄庄园作为红酒海报的宣传主题，通过精美的葡萄庄园奠定海报作品的主要色调和背景内容，再运用特效的处理，对红酒产品进行美化和创意设计，让红酒产品称为整个作品的主要视觉点，以吸引观赏者的眼光

效果亮点：

● 暗红色顶部和底部，切合红酒主题

● 葡萄庄园素材无缝合并与色调调整

● 红酒产品主体火烧缺口与飘花效果

● 浅土色徽标\文字与主色调完美配合

🔍 **设计流程**

图9.8 拉克斯红酒海报设计

9.2.1 设计海报顶部和底部

下面将先介绍制作红酒海报的顶部区域和底部区域的效果。在本例的操作中，首先通过Photoshop新建海报文件，然后在文件上创建上下两个矩形区域，并填充图案，再通过设置选区所在图层的样式，制作出浮雕的上下边框效果，接着在海报顶部创建选区并填充图案，通过一系列的色调调整和应用【油画】滤镜，将顶部区域制出艺术纹理效果，最后在顶部上添加一层深色的颜色，并使用【橡皮擦工具】擦除部分颜色，制出光照的效果，再使用相同的方法，制作底部的效果，结果如图9.9所示。

设计海报顶部和底部的操作步骤如下。

01 打开Photoshop CS6，选择【文件】|【新建】命令，打开【新建】对话框后，设置文件名称和文件选项，然后单击【确定】按钮，如图9.10所示。

图9.9 海报顶部和底部的效果

图9.10 新建海报文件

02 在工具箱中选择【矩形选框工具】，然后在选项栏上设置工具选项，在文件的上部先创建一个矩形选区，单击【添加到选区】按钮，在文件的下部创建另一个选区并加到当前选区中，如图9.11所示。

图9.11 创建矩形选区

2.打开面板菜单

1.选择油漆桶
工具后打开
【图案】选
项面板

3.选择【彩色纸】
命令

图9.12 添加填充的图案

03 选择【油漆桶工具】 ，在选项栏中打开【图案】选项面板，打开面板菜单并选择【彩色纸】命令，以追加的方式加入彩色纸图案，如图9.12所示。

4.单击【追加】按钮

Adobe Photoshop

是否用 彩色纸 中的图案替换当前的图案？

确定   取消   追加(A)

3.打开【图层】面板

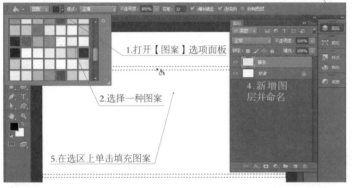

1.打开【图案】选项面板

2.选择一种图案

4.新增图
层并命名

5.在选区上单击填充图案

图9.13 为选区填充图案

04 载入图案后，在【图案】面板上选择一种图案，然后在【图层】面板上新增一个图层并命名为【横条】，接着在选区上单击填充图案，如图9.13所示。

1.打开【图层样式】对话框

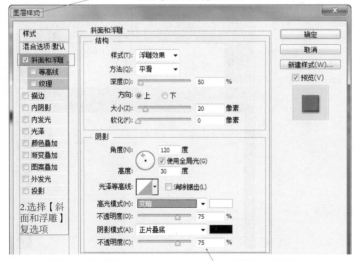

05 在【横条】图层名称右侧的空位置上双击打开【图层样式】对话框，选择【斜面和浮雕】复选项，在右侧选项卡中设置斜面和浮雕选项，如图9.14所示。

2.选择【斜
面和浮雕】
复选项

图9.14 添加斜面和浮雕效果

3.设置斜面和浮雕选项

06 在对话框左侧选择【描边】复选项，然后在右侧选项卡中设置描边选项，其中描边颜色为浅黄色，单击【确定】按钮，如图9.15所示。

图9.15 添加描边效果

07 在工具箱中选择【矩形选框工具】，然后在选项栏上设置工具选项，在横条上方的区域上创建矩形选区，如图9.16所示。

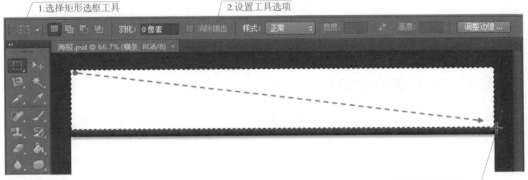

图9.16 在横条上方创建选区

08 在【图层】面板上新增一个图层并命名为【顶部】，然后选择【油漆桶工具】，通过【图案】选项面板选择一种图案，接着为选区填充图案，如图9.17所示。

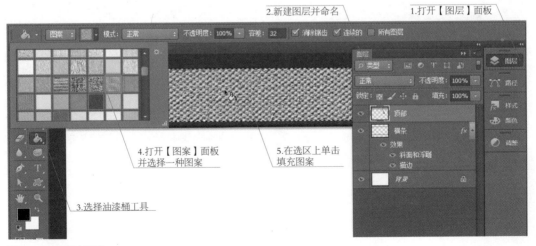

图9.17 为选区填充图案

09 填充图案后暂时不要取消选择,然后选择【图像】|【调整】|【色彩平衡】命令,选择色调平衡为【中间调】,再设置色彩平衡,单击【确定】按钮,如图9.18所示。

10 选择【图像】|【调整】|【色相/饱和度】命令,然后设置全图的色相参数,单击【确定】按钮,如图9.19所示。

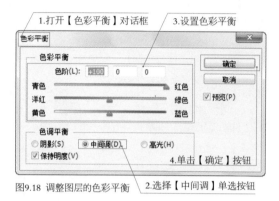

图9.18 调整图层的色彩平衡

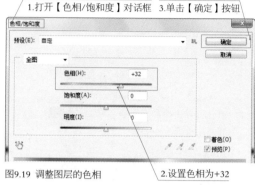

图9.19 调整图层的色相

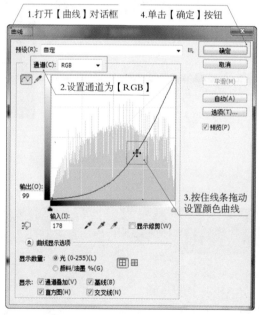

图9.20 调整图层曲线颜色设置

11 选择【图像】|【调整】|【曲线】命令,打开【曲线】对话框后选择通道为【RGB】,设置RGB通道的曲线,单击【确定】按钮,如图9.20所示。

12 选择【图像】|【调整】|【曝光度】命令,打开【曝光度】对话框后,设置曝光度为−0.5,单击【确定】按钮,降低图层的曝光度(即降低图层的亮度),如图9.21所示。

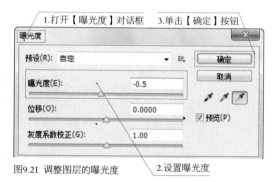

图9.21 调整图层的曝光度

13 选择【顶部】图层，然后选择【滤镜】|【油画】命令，打开【油画】对话框后，设置画笔和光照选项，在预览区上查看效果。如果有必要，可以根据预览区的效果微调选项设置。设置完成后，单击【确定】按钮，如图9.22所示。

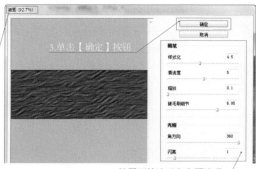

1.打开【油画】对话框

图9.22 应用油画滤镜

14 文件中的选区还在，此时设置前景色为【#1e0000】，再选择【油漆桶工具】 并设置工具选项，然后通过【图层】面板新增一个图层并命名为【暗色】，接着在选区上单击填充前景色，如图9.23所示。

图9.23 线增图层并填充前景色

15 在工具箱中选择【橡皮擦工具】 ，然后在选项栏上打开【画笔预设】选项面板，选择一种预设画笔并设置大小，接着在文件窗口上单击，擦除【暗色】图层的部分颜色，制作出光照的效果，如图9.24所示。

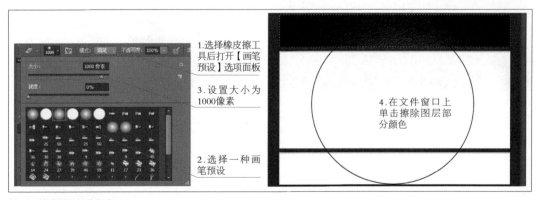

图9.24 擦除图层部分颜色

16 此时按下Ctrl+D组合键取消选择，然后使用步骤7到步骤15的方法，制作海报底部图案和光照效果，接着将底部效果的图层移到【横条】图层下方，如图9.25所示。

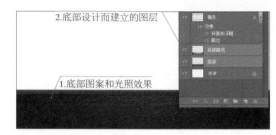

图9.25 制作海报底部效果

9.2.2 设计海报 中央背景图

下面将介绍设计海报中央的葡萄生态庄园的背景图效果。在本例的操作中，使用选择工具从素材中选择到葡萄园和夕阳下山的图像，再将图像粘贴到海报中并进行合成处理，然后调整葡萄园图像的色调，接着选择一个雕塑图像，并将此图像粘贴到海报中，再对雕塑图像进行智能锐化、删除边缘、调整色相等处理，最终结果9.26所示。

设计海报中央背景图的操作步骤如下（练习文件：..\Example\Ch09\9.2.2.psd；素材文件：..\Example\Ch09\风景1.jpg、风景2.jpg、雕塑.jpg）。

01 打开"风景1.jpg"素材文件，然后在工具箱中选择【快速选择工具】 ，并设置工具选项，接着使用此工具在素材文件的山和天空区域上拖动，选择到山和天空部分，如图9.27所示。

图9.26 设计海报中央背景图的效果

图9.27 选择素材山和天空区域

02 此时选择【选择】|【反向】命令，或直接按下Shift+Ctrl+I组合键，反向选择到素材的葡萄园部分，再按下Ctrl+C组合键复制选区内的素材，如图9.28所示。

03 打开练习文件，然后按下Ctrl+V组合键粘贴葡萄园素材，选择【橡皮擦工具】 ，再设置工具选项，接着在葡萄园素材上边缘上拖动，擦除上边缘的锯齿，以便后续可以更好地与夕阳下山的图像素材合成，如图9.29所示。

图9.28 反向选择葡萄园区域

图9.29 粘贴素材并擦除边缘锯齿部分

打开"风景2.jpg"素材文件，在工具箱中选择【矩形选框工具】，并设置工具选项，接着在素材文件上拖出一个矩形选区，将素材的夕阳下山的图像部分选择，如图9.30所示。最后按下Ctrl+C组合键复制选择内容。

切换到练习文件的文件窗口，然后按下Ctrl+V组合键粘贴素材，再选择【橡皮擦工具】，设置工具选项，接着在夕阳下山素材下边缘上拖动，擦除下边缘的锯齿，如图9.31所示。

图9.30 选择素材的夕阳下山图像部分

图9.31 粘贴素材并擦除边缘锯齿

打开【图层】面板，选择夕阳下山素材所在的图层，然后将该图层移到葡萄园素材所在图层的下层，接着使用【移动】工具将素材向下移动与葡萄园素材合成，如图9.32所示。

图9.32 合成素材

07 选择图层1和图层2，然后将两个图层拖到【底部】图层的下方，使合成的素材只显示在海报中央的空白区域中，如图9.33所示。

08 选择图层1，然后选择【图像】|【调整】|【色彩平衡】命令，接着选择色调平衡为【中间调】，再设置色彩平衡，最后单击【确定】按钮，如图9.34所示。

图9.33 调整图层排列顺序　　　　　图9.34 调整葡萄园素材的色彩平衡

09 打开"雕塑.jpg"素材文件，然后在工具箱中选择【快速选择工具】，并设置工具选项，使用此工具在素材文件的雕塑外区域上拖动，创建选区后单击右键，并选择【选择反向】命令，反向选择到雕塑图像，如图9.35所示。

图9.35 选择雕塑图像

10 按下Ctrl+C组合键复制雕塑图像，然后切换到练习文件的文件窗口，再按下Ctrl+V组合键粘贴雕塑图像，接着按下Ctrl+T组合键执行自由变换命令，并等比例缩小雕塑，最后将雕塑所在的图层3移到图层1的上方，如图9.36所示。

图9.36 粘贴雕塑图像并调整

11 选择【滤镜】|【锐化】|【智能锐化】命令，打开【智能锐化】对话框后，设置锐化的数量、半径和【移去】选项，接着单击【确定】按钮，如图9.37所示。

12 按住Ctrl键在图层3的缩览图上单击，载入雕塑图像形状的选区，然后选择【选择】|【修改】|【收缩】命令，打开【收缩选区】对话框后设置收缩量为1像素，单击【确定】按钮，如图9.38所示。

3.单击【确定】按钮

1.打开【图层】面板

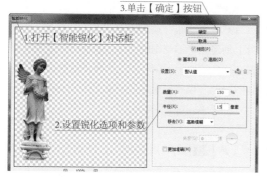

图9.37 对雕塑图像执行智能锐化

图9.38 载入选区并收缩选区

13 收缩选区后，按下Shift+Ctrl+I组合键反向选择，然后按下Delete键删除选区的内容，如图9.39所示。

14 按下Ctrl+D组合键取消选择，再选择【图像】|【调整】|【色相/饱和度】命令，设置雕塑图像的色相为-10，单击【确定】按钮，如图9.40所示。

说明 步骤12和步骤13操作的目的是删除雕塑边缘1像素的内容，以便删除雕塑图像边缘的锯齿部分。

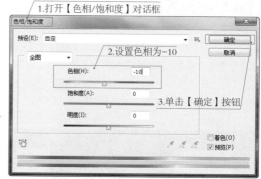

图9.39 反向选择并删除选区内容

图9.40 调整雕塑图像的色相

9.2.3 设计红酒主体特效图

下面将介绍使用拉克斯红酒为素材，并设计红酒特效的方法。在本例的操作中，首先将红酒瓶素材加入到海报中，并进行缩小和删除边缘锯齿处理，然后倾斜红酒瓶并适当放大，再调整色调，接着为红酒瓶所在图层添加蒙版，使用【套索工具】在瓶身上创建一个不规则的选区，并使用画笔擦除部分瓶身，制作出瓶身缺口效果，再加入花瓣素材并放置在瓶身缺口上，制作出红酒瓶类似膨出红花的效果，最后加入红酒杯素材，并适当调整红酒杯色调和图层混合模式，最终的结果如图9.41所示。

设计红酒主体特效图的操作步骤如下（练习文件：..\Example\Ch09\9.2.3.psd；素材文件：..\Example\Ch09\红酒瓶.jpg、红酒杯.jpg、花.psd）。

01 打开"红酒瓶.jpg"素材文件，在工具箱中选择【魔棒工具】，再设置工具选项，接着在文件空白处单击选择到文件空白区域，如图9.42所示。

图9.41 设计红酒主体特效的结果

图9.42 选择素材文件的空白区域

02 在工具箱中选择【磁性套索工具】，然后按下【添加到选区】按钮，再设置其他工具选项，接着在瓶身下方将未选到的瓶身倒影部分添加到选区，如图9.43所示。

03 将工具更改为【多边形套索工具】，再按下【添加到选区】按钮，然后设置其他工具选项，接着将文件中除红酒瓶身的未选到的部分全部添加到选区，如图9.44所示。

图9.43 将瓶身倒影部分添加到选区

图9.44 选择除瓶身外其他部分

04 此时按下Shift+Ctrl+I组合键反向选择，将红酒瓶选择到，然后按下Ctrl+C组合键复制红酒瓶图像，再切换到练习文件窗口，并按下Ctrl+V组合键粘贴素材，接着按下Ctrl+T组合键执行自由变换处理，等比例缩小红酒瓶，如图9.45所示。

图9.45 将红酒瓶素材加入海报并缩小

05 打开【图层】面板，然后按住Ctrl键单击图层4的缩览图，载入红酒瓶选区，接着选择【选择】|【修改】|【收缩选区】命令，并设置收缩量为2像素，如图9.46所示。

06 此时选择【选择】|【反向】命令，反向创建选区，然后按下Delete键，删除选区内容，以删除红酒瓶边缘锯齿，如图9.47所示。

图9.46 载入选区并收缩选区

图9.47 删除红酒瓶边缘锯齿

07 在工具箱中选择【矩形选框工具】，然后设置工具选项，再选择到红酒瓶的标贴部分，接着选择【选择】|【反向】命令，反向选择到红酒瓶除标贴外的其他部分，如图9.48所示。

1.选择矩形选框工具　2.设置工具选项　　4.打开【选择】菜单　　5.选择【反向】命令

图9.48 选择到红酒瓶除标贴外的其他部分

3.选择到红酒标贴部分

1.打开【曝光度】对话框　　3.单击【确定】按钮

图9.49 调整曝光度

2.设置曝光度为-2

选择【图像】|【调整】|【曝光度】命令，打开【曝光度】对话框后，设置曝光度为-2，然后单击【确定】按钮，如图9.49所示。

按下Ctrl+T组合键执行自由变换处理，然后按住变形框的角点移动旋转红酒瓶，接着拖动角点放大红酒瓶，如图9.50所示。

1.按下Ctrl+T组合键，并旋转红酒瓶　　2.再拖动角点放大红酒瓶

图9.50 旋转与放大红酒瓶

10 在工具箱中选择【钢笔工具】，设置绘图模式为【路径】，使用工具在红酒瓶的标贴边缘上创建闭合路径，再打开【路径】面板，单击【将路径作为选区载入】按钮，以选择到红酒瓶标贴部分，如图9.51所示。

11 打开【调整】面板，单击【曲线】按钮，打开【属性】面板后，设置RGB通道的颜色曲线，如图9.52所示。

图9.51 选择标贴部分

图9.52 应用曲线调整标贴颜色

图9.53 将调整图层创建为剪贴蒙版

12 添加【曲线】调整图层后，在调整图层上单击右键并选择【创建剪贴蒙版】命令，将调整图层创建为图层4的粘贴蒙版，即可让调整图层的效果只应用在图层4的红酒瓶素材上，如图9.53所示。

13 打开【图层】面板，选择图层4，单击【添加图层蒙版】按钮，然后在工具箱中选择【套索工具】，设置工具选项，接着在红酒瓶身上拖动鼠标创建一个不规则的选区，如图9.54所示。

图9.54 添加图层蒙版并创建选区

图9.55 使用工具在蒙版上绘画

14 在工具箱中的选择【画笔工具】，并设置画笔选项和前景色，然后在选区内拖动鼠标绘画，如图9.55所示。由于图层添加了图层蒙版，因此使用【画笔工具】绘画时，会将选区中的红酒瓶像素，制成红酒瓶缺口的效果。

图9.56 复制花图像素材

15 打开"花.psd"素材文件，然后选择【花】图层，并选择【图层】|【复制图层】命令，打开【复制图层】对话框后，指定目标文档为练习文件，以便将花素材添加到练习文件中，如图9.56所示。

图9.57 调整花图像的大小和位置

16 返回到练习文件的文件窗口，然后按下Ctrl+T组合键执行自由变换处理，接着等比例缩小花图像素材，并将图像移到红酒瓶的缺口处，如图9.57所示。

17 选择【花】图层并选择【图层】|【复制图层】命令，创建一个【花 副本】图层，然后将【花 副本】图层的花图像移开，再选择【套索工具】 ，选择到【花 副本】图层的部分花图像，最后按下Delete键删除选中的花图像，如图9.58所示。

18 选择【花 副本】图层，然后使用【移动工具】 将该图层的花图像移到原来花图像的上方，制作出更多花瓣的效果，如图9.59所示。

图9.58 创建副本图层并删除部分内容

图9.59 调整花图像的位置

19 打开"红酒杯.jpg"素材文件，然后使用【磁性套索工具】 在红酒杯边缘上创建闭合的路径，以创建出包含红酒杯的选区。如果红酒杯杯脚处没有选择完整，可以使用其他选择工具修改选区，务求选择到完整的红酒杯图像，如图9.60所示。

20 选择到红酒杯图像后，按下Ctrl+C组合键复制红酒杯图像素材，然后粘贴到海报文件上，接着按下Ctrl+T组合键并等比例缩小红酒杯图像，最后将红酒杯置在红酒瓶左侧，如图9.61所示。

图9.60 选择到红酒杯图像

图9.61 将红酒杯图像加入海报文件

21 通过【图层】面板为红酒杯创建一个副本图层，然后设置副本图层的混合模式为【正片叠底】，在选择红酒杯图像原来的图层，并进行色调均化处理，如图9.62所示。

2.设置图层的混合模式　　1.创建图层5的副本图层　　　　　　　　　　3.选择图层5

图9.62 创建图层副本并制作图层效果

4.选择【图像】|【调整】|【色调均化】命令

22 选择红酒杯所在的源图层，然后选择【图像】
|【调整】|【色彩平衡】命令，接着设置色彩平衡
选项，如图9.63所示。

1.打开【色彩平衡】对话框

2.设置色彩平衡选项

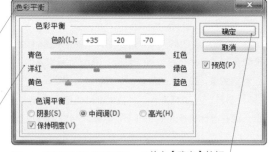

图9.63 调整图层的色彩平衡　　3.单击【确定】按钮

9.2.4 设计徽标与产品信息

经过上述的设计，海报的图像效果基本完成，接下来就是设计公司徽标和添加产品的相关信息。
在本例的操作中，首先使用【自定形状工具】和【直线工具】绘制公司徽标形状，并输入公司名称，
然后绘制自定形状并输入文字制作"原装进口"图标，接着在海报左下方输入关于产品的宣传信息，
最后在红酒瓶下方输入海报主体产品的名称和年份，再添加图层样式，为文字添加描边效果，最终的
结果如图9.64所示。

设计徽标与产品信息的操作步骤如下（练习文件：..\Example\Ch09\9.2.4.psd）。

01 打开练习文件，在工具箱中选择【自定形状工具】，然后设置工具选项及颜色（# cfa972），再打开
【形状】面板，选择一种形状，接着在海报文件左上方绘制出形状对象，如图9.65所示。

图9.64 设计徽标与产品信息的结果

2.设置工具选项和颜色　　　3.打开【形状】面板

5.拖动鼠标绘制徽标形状

1.选择自定形状工具

图9.65 绘制徽标形状　　　4.选择一种预设形状

02 选择【直线工具】 ，设置工具选项和与上步骤相同的填充颜色，再设置粗细为3像素，接着在自定形状下方绘制一条水平直线，如图9.66所示。

03 在工具箱中选择【添加锚点工具】 ，然后在直线形状的上边缘路径上单击添加一个锚点，接着使用【直接选择工具】 将锚点向上移动，调整直线上边缘的形状，如图9.67所示。

2.设置工具选项和直线粗细

3.在徽标形状下绘制一条直线

1.选择直线工具

图9.66 绘制直线

2.在直线上边缘路径上单击添加锚点

1.选择添加锚点工具

4.按住新增的锚点向上移动

图9.67 调整直线上边缘的形状　　　3.选择直接选择工具

04 使用步骤3的方法在直线下边缘路径上添加锚点，再使用【直接选择工具】 向上移动新增的锚点，然后使用【直接选择工具】 修改直线左上方角锚点和右上方角锚点的位置，将直线修改成弧线的形状，如图9.68所示。

1.使用添加锚点工具在直线下边缘路径上调价锚点，并使用直接选择工具向上移动该锚点

图9.68 调整直线其他锚点位置　　　2.调整直线左上角锚点和右上角锚点的位置

05 选择【横排文字工具】 ，然后设置文字字体和其他选项，接着在徽标形状下方输入"葡园酒庄"四个字，如图9.69所示。

06 在选项栏中更改文字字体和大小，然后输入公司名称，输入的文字会在【图层】面板中新建对应的文本图层，如图9.70所示。

图9.69 输入酒庄名称

图9.70 输入公司名称

说明 步骤5输入的字体为"章草"，如果读者没有这种字体，可以通过互联网下载并安装。或者使用其他已有的字体代替。

07 选择【自定形状工具】 ，然后设置工具选项，再选择一种预设形状，接着在海报右上方绘制自定形状，如图9.71所示。

08 选择【横排文字工具】 ，然后设置文字字体和其他选项，在标形上输入"原装进口"四个字，接着打开【字符】面板，设置行距为10点，如图9.72所示。

图9.71 绘制自定预设的形状

图9.72 输入文字并设置行距

09 更改文字字体和文字大小，设置文字颜色为【## cfa972】，然后在原装进口图标下方输入文字，如图9.73所示。

10 使用相同的方法，在海报左下方输入其他关于产品的宣传内容，结果如图9.74所示。

图9.73 输入进口文字

图9.74 输入产品宣传内容

11 选择【横排文字工具】，并设置文字选项，然后打开【字符】面板，单击【方粗体】按钮▓和【仿斜体】按钮▓，接着在红酒瓶下方输入红酒名称，如图9.75所示。

2.设置文字选项

1.选择横排文字工具

图9.75 输入红酒名称

4.单击【方粗体】和【仿斜体】按钮

12 在红酒名称文字图层右侧空位置上双击打开【图层样式】对话框，然后为图层添加【描边】效果，并设置渐变颜色，如图9.76所示。

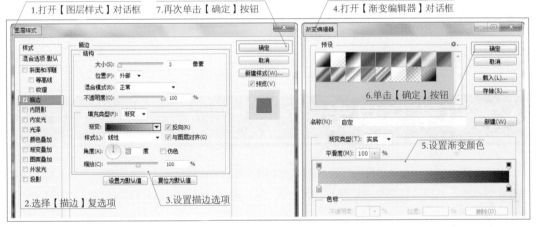

图9.76 添加描边效果

13 按下Ctrl+T组合键执行自由变换，然后旋转红酒名称文字并扩大字号，结果如图9.77所示。

图9.77 旋转文字并扩大高度

14 选择【横排文字工具】T，打开【字符】面板，然后设置文字属性，再单击【方粗体】按钮T和【仿斜体】按钮T，接着在红酒名称下方输入红酒年份文字，最后通过【图层样式】对话框，为文字添加描边效果，如图9.78所示。

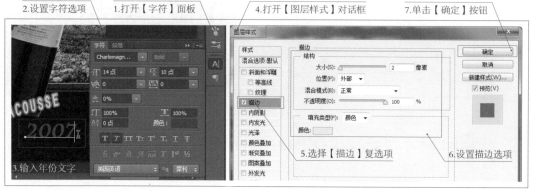

图9.78 输入年份文字并添加描边效果

至此，海报的设计已经完成。

9.3 小结与思考

本章以一个色彩深沉、效果夺目的红酒产品海报为例，介绍了在Photoshop CS6中使用选择工具选择素材并合成素材、使用图像调整功能调整图层色调、使用绘图工具和颜色功能绘制形状、使用文字工具创建文字等方法。

思考与练习

（1）思考

在素材的选择中，对于不规则或者颜色复杂的素材，应该使用什么选择工具去选择素材，选择过程中需要注意什么？另外，如果想要添加的调整图层只作用于某个图层，而不是调整图层下方的所有图层，应该怎么做？

（2）练习

本章练习题要求将红酒海报中的"原装进口"图标（包含形状和文字）的图层合并，然后通过【图层样式】对话框为图标添加效果，制作如图9.79所示的效果。（练习文件：..\Example\Ch09\9.3.psd）

图9.79 制作图标效果的结果

路牌广告设计
——地产广告

路牌广告是在公路或交通要道两侧，利用喷绘或灯箱进行广告的形式，是户外广告的一种重要手段。

路牌广告一方面可以根据地区的特点选择广告形式，另一方面，路牌广告可为经常在城内活动的固定消费者提供反复的宣传，使其印象深刻。

Chapter

10

10.1 路牌广告基础知识

学习内容： 路牌广告的基础知识。

学习目的： 了解什么是路牌广告和它的性能特点，以及路牌广告的设置与制作。

学习备注： 路牌广告的设计需要充分考虑设置点的位置和大小。

路牌广告（Billboard Advertising）是指张贴或直接描绘在固定路牌上的广告。下面将详细介绍路牌广告的基础知识。

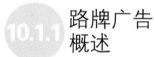

路牌广告概述

路牌广告有近百年的历史，其间它的表现和制作经历了很多变化。从早期的铅皮路牌广告到彩喷路牌广告、浮雕式路牌广告到现在的立体三面翻路牌广告、电子屏幕路牌广告等，如图10.1所示。

图10.1 三面翻路牌广告与电子屏幕路牌广告

现在路牌广告的发展趋势是逐渐采用电脑设计打印（或电脑直接印刷），其画面醒目逼真，立体感强，再现了商品的魅力，对树立商品（品牌）的都市形象最具功效，且张贴调换方便，如图10.2所示。所用材料也有防雨、防晒功能。

凡是能在露天或公共场所通过广告表现形式同时向许多消费者进行宣传，能达到推销商品目的都可以称为户外广告媒体。路牌广告可分为平面和立体两大类，平面路牌广告有招贴广告、海报、路牌广告条幅等。立体广告分为霓虹灯、广告柱、广告塔灯以及灯箱广告等。

图10.2 电脑设计打印的路牌广告

10.1.2 路牌广告 性能特点

路牌广告是一种能够很好的树立和强化品牌的广告，保持品牌一个良好的形象和市场份额，让目标受众能够感受到品牌的实力和人气。这种广告投放方式，特别是对名气不是很响的国内品牌来说，将取得非常不错的效果。

路牌广告具有醒目、美观、渗透等优点，还有其性能特点：

（1）受众层的分散性、流动性。所谓分散性，是指男女老幼各阶层，凡过往者均随时可见，所谓流动性，即受众不像电视、报刊那么固定如一。一幅广告牌新的受众是众多的。

（2）受众的运动性。受众总是在运动之中，极少停步注目广告牌，往往是边走边看，因而注视广告牌的时间是十分有限的。

（3）受众的偶然性和无意性。人们在马路上行走时，往往都是偶然和无一定目的地阅读广告牌的。

（4）路牌广告表现形式丰富多彩，还可以起到美化市容的作用，如图10.3所示。

图10.3 设计精美的路牌广告具有美化市容的作用

10.1.3 路牌广告的设置与制作

1.路牌广告的设置

路牌广告设置的位置，一般均在人、车来往较集中的地方，如路旁、车站、车场、码头附近或公园门口等。路牌广告的尺寸根据具体位置不同而各不相同：如果是车站站牌广告，一般会根据站牌设置到齐人的高度，如图10.4所示；如果交通道旁树立的路灯柱广告，一般高为2.5米，有方形与矩形两种，如图10.5所示；如果是房顶广告，则要求靠贴高层建筑物的顶部或侧面，高度可达至十几层楼，如图10.6所示。

图10.4 站牌广告

图10.5 路灯柱广告

图10.6 楼顶广告

2.路牌广告的制作

路牌广告画面的制作方法，可分为绘制、印制与电脑喷画三种。

绘制就是普遍采用颜料进行绘画。

印制则一般通过印刷工艺在塑性纸张上分别印制画面的各个局部，然后用拼接的方法，将四张或六张拼为一个完整的大画面，张贴在路牌上。这种方法快捷省工，然而必须大批印制和大量张贴才合算。

电脑喷画则由光盘数据输出喷制，这种方法快捷经济，而且画面精美。

另外，为了突出画面效果，现在很多路牌广告都使用了不同的创意，并配合不同的材料来达到广告效果，例如使用闪耀的各色金属铝片、浮雕材料或饰以霓虹灯等。图10.7所示为极具创意的路牌广告。

图10.7 极具创意的路牌广告

10.2 商业地产路牌广告设计

学习内容： 路牌广告的设计。

学习目的： 掌握选择素材、调整素材色调、应用滤镜、创建文字和设置图层样式、自由变换处理对象的方法。

学习备注： 在广告设计中，除了传达信息外，还需要特效吸引客户。

本节将通过一个名为"辉煌商业广场"的商业地产项目开盘广告为例，介绍使用Photoshop CS6设计路牌广告的方法。

　　在本例路牌广告的设计中，首先以商业广场的外观为主要内容，配合撕纸效果显示项目的外观，然后以开盘、购房打折、送礼为宣传主题，对广告进行各种特效处理，其中包括楼体摄影素材的色调处理、制作火焰式管家托盘送优惠的效果、彩钻开盘文字特效等。在作品的配色上，采用了浅褐色到浅土色的渐变方案，再通过内阴影的处理，设计出一种欧式宫廷风格的背景效果，突出客户尊贵的设计思想，并配合现代化的商业地产项目，营造出一种备受尊贵的现代化服务的视觉感受。商业地产绿盘广告设计成果与相关信息如图10.8所示。

图10.8 商业地产路牌广告设计

设计欧式复古
广告背景

10.2.1

　　下面将先介绍本例广告作品的背景设计。在本例的广告背景设计上，采用了欧式宫廷式的复古效果，主要是在背景上填充了浅褐色到浅土色的渐变，然后在背景四周上绘制形状和线条，形成一个典雅的框架效果，接着将蔓藤图案以背景混合，使背景形成一种欧式风格，最后为背景添加内阴影，使之产生一种复古的效果，如图10.9所示。

图10.9 设计欧式复古广告背景的效果

设计欧式复古广告背景的操作步骤如下（素材文件：..\Example\Ch10\花纹背景.jpg）。

01 打开Photoshop CS6，然后选择【文件】|【新建】命令，打开【新建】对话框后，设置文件名称和文件选项，然后单击【确定】按钮，如图10.10所示。

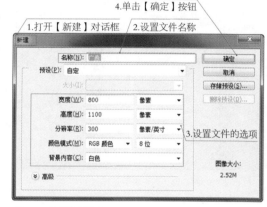

图10.10 新建海报文件

02 在工具箱中选择【渐变工具】 ，然后单击选项栏的【编辑渐变】按钮，打开【渐变编辑器】对话框后，通过渐变样本栏设置渐变色标的颜色，如图10.11所示。

03 通过选项栏设置【渐变工具】 的选项，然后打开【图层】面板并新增一个图层，接着全选文件并填充渐变颜色，如图10.12所示。

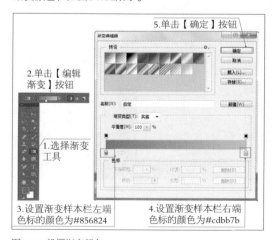

图10.11 设置渐变颜色

图10.12 填充渐变颜色

04 选择【视图】|【标尺】命令显示标尺，然后选择【移动工具】 ，并使用该工具按住垂直标尺并向右拖动，拉出垂直参考线到0.10厘米的位置上，接着按住水平标尺并向下拖动，拉出水平参考线到0.10厘米的位置上，如图10.13所示。

05 选择【自定形状工具】 ，然后在选项栏中打开【形状】面板并选择【装饰 4】形状，接着在文件左上交上绘制形状，并使用【移动工具】 调整形状的位置，使之左边缘和上边缘与垂直和水平参考线对齐，如图10.14所示。

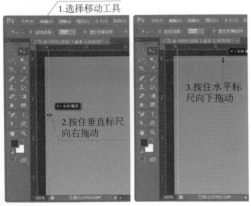

图10.13 拉出水平和垂直两条参考线

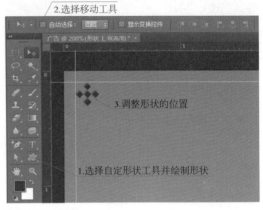

图10.14 绘制形状

06 依照步骤4的方法，再分别拉出另一条垂直和水平的参考线，然后放置在文件靠边缘的位置上，如图10.15所示。

07 打开【图层】面板，选择【形状1】图层，选择【图层】|【复制图层】命令，复制出三个副本图层，然后选择【移动工具】，分别将三个副本图层的形状移到文件四个角上，并与参考线对齐，如图10.16所示。

图10.15 拉出其他参考线

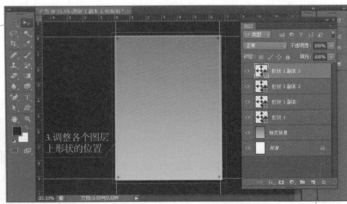

图10.16 复制图层并分布形状

08 再次拉出两条垂直参考线，他们的位置分别为
3.21厘米和3.58厘米，如图10.17所示。

09 在工具箱中选择【直线工具】 ，然后设置填
充颜色为【#4c2704】、粗细为3像素，接着在文件上
绘制5条直线，并分别如图10.18所示排列。

图10.18 绘制直线并让直线链接四个角的形状

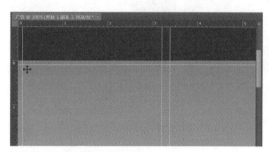

图10.17 拉出另外两条垂直参考线

10 选择【自定形状工具】 ，然后在选项栏中设
置填充颜色为【#4c2704】，打开【形状】面板并选
择【装饰 5】形状，接着在文件中央两条垂直参考线
直接绘制形状，如图10.19所示。

11 在工具箱中选择【直线工具】 ，然后设置填
充颜色为【#6d3b06】、粗细为1像素，接着使用步骤
9的方法，绘制5条直线，并如图10.20所示分布。

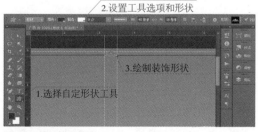

图10.19 绘制装饰形状

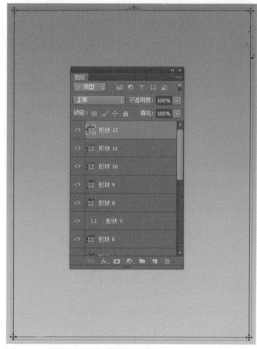

图10.20 绘制5条粗细为1像素的直线

12 打开"花纹背景.jpg"素材文件，然后选择【图像】|【模式】|【灰度】命令，将素材文件转换成灰度颜色模式，如图10.21所示。

13 此时按下Ctrl+A组合键全选文件，再按下Ctrl+C组合键复制文件，然后返回广告文件中，按下Ctrl+V组合键粘贴图像，接着按下Ctrl+T组合键执行自由变换处理，扩大图像，如图10.22所示。

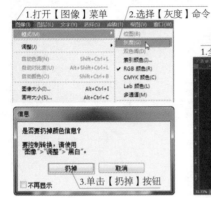

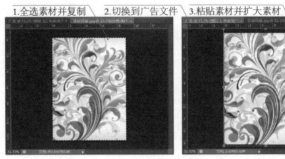

图10.21 将素材文件转换为恢复模式　　图10.22 加入花纹素材

14 选择花纹图像所在的图层，然后设置该图层的混合模式为【划分】，再设置图层不透明度为5%，如图10.23所示。

15 选择【渐变背景】图层并打开该图层的【图层样式】对话框，为图层添加【内阴影】效果，再设置内阴影的各个选项，如图10.24所示。

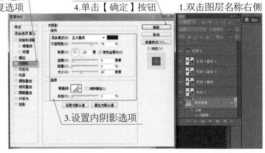

图10.23 设置图层混合模式和不透明度　　图10.24 添加内阴影效果

10.2.2 设计撕纸式广告主体图

　　下面将介绍广告中的主体图处理方法，在本例中，会制作一种类似撕纸的效果，然后将广告主体图放置在撕空区域中。

　　在实例的具体操作中，首先，将上例制作的背景图层合并，再通过选区和滤镜的配合应用，制作出撕纸效果，然后通过设置图层样式，让撕纸效果更加具有真实的立体效果，接着将商业地产的摄影图加入广告中，并进行一系列的色调调整和添加【镜头光晕】滤镜，让主体图产生一种因光照而出现的炫目色彩的效果，结果如图10.25所示。

设计撕纸式广告主体图的操作步骤如下（练习文件..\Example\Ch10\10.2.2.psd；素材文件：..\Example\Ch10\建筑效果图.jpg）。

`01` 打开练习文件，选择【背景分层 副本】组并合并组，然后修改新图层的名称为【合并背景】，如图10.26所示。

图10.25 设计撕纸式广告主体图的效果

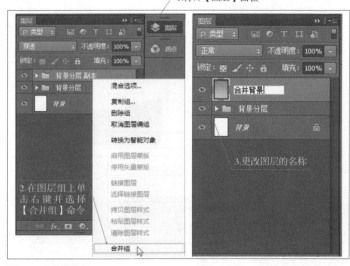

图10.26 合并图层组

`02` 通过【图层】面板将【合并背景】图层创建一个副本图层，将【合并背景】图层和【背景分层】组隐藏，接着在工具箱中选择【套索工具】，然后在文件窗口上创建一个不规则的选区，如图10.27所示。

`03` 按下工具箱中的【以快速蒙版模式编辑】按钮，然后选择【滤镜】｜【扭曲】｜【波纹】命令，如图10.28所示。

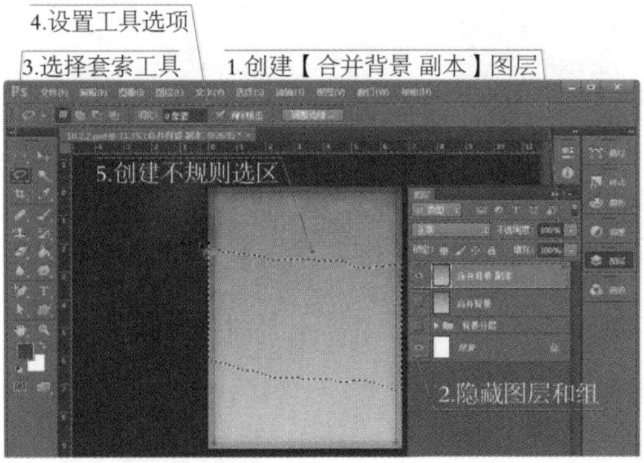

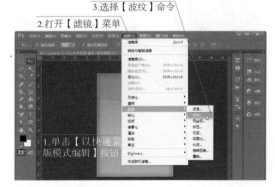

图10.27 创建副本图层并创建选区

图10.28 以快速蒙版模式编辑

04 打开【波纹】对话框后，设置数量为150%、大小为【大】，然后单击【确定】按钮，如图10.29所示。

05 打开【滤镜】菜单，再选择【滤镜库】命令，打开对话框后展开【画笔描边】列表，然后选择【喷色描边】滤镜，设置滤镜的描边长度、喷色半径和描边方向等选项，最后单击【确定】按钮，如图10.30所示。

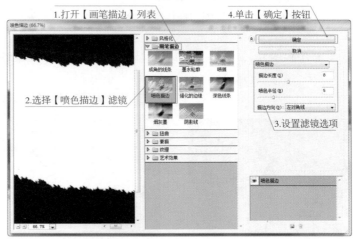

图10.29 应用波纹滤镜　　　　图10.30 应用喷色描边滤镜

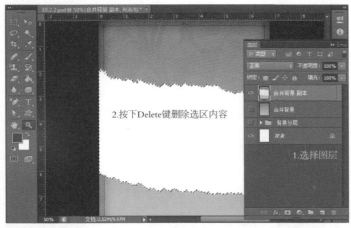

图10.31 删除选区内容

06 选择【合并背景 副本】图层，然后按下Delete键将选中的图层内容删除，如图10.31所示。

07 选择【选择】|【修改】|【扩展】命令，打开【扩展选区】对话框后，设置扩展量为15像素，单击【确定】按钮，如图10.32所示。

图10.32 扩展选区

08 打开【图层】面板，选择【合并背景】图层，然后按下Delete键删除该图层在选区内的内容，如图10.33所示。

09 将【合并背景 副本】图层移到【合并背景】图层下方，再选择【图像】|【调整】|【曲线】命令，设置颜色曲线，降低图层的亮度，如图10.34所示。

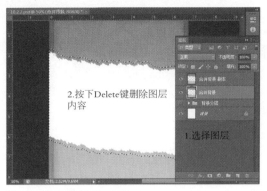

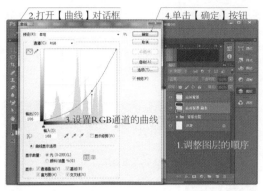

图10.33 删除选区的图层内容   图10.34 调整图层的色调

`10` 在【合并背景 副本】图层名称右侧双击打开【图层样式】对话框，为该图层添加【投影】效果，如图10.35所示。

`11` 在【图层样式】对话框上选择【内阴影】复选项，然后设置内阴影选项，为图层添加内阴影效果，如图10.36所示。

`12` 在【图层样式】对话框上选择【外发光】复选项，然后设置外发光选项，为图层添加外发光效果，最后单击【确定】按钮，如图10.37所示。

图10.35 添加投影效果   图10.36 添加内阴影效果   图10.37 添加外发光效果

`13` 选择【合并背景】图层并打开该图层的【图层样式】对话框，为图层添加【投影】效果，如图10.38所示。

`14` 打开"建筑效果图.jpg"素材文件，然后按下Ctrl+A组合键全选图像，再按下Ctrl+C组合键复制图像，如图10.39所示。

图10.38 设置【合并背景】图层样式   图10.39 复制建筑图像素材

15 切换到练习文件的文件窗口，然后粘贴复制的建筑图，再执行自由变换处理，将图像按等比例扩大，如图10.40所示。

16 选择建筑图所在的图层，再选择【图像】‖【调整】‖【色彩平衡】命令，接着设置色彩平衡的色阶参数，单击【确定】按钮，如图10.41所示。

2.按下Ctrl+T组合键并扩大图像

1.打开【色彩平衡】对话框

2.设置色彩平衡

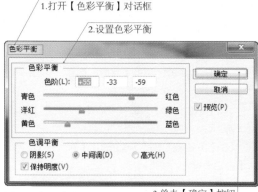

图10.40 粘贴并扩大建筑图

1.按下Ctrl+V组合键粘贴图像素材

图10.41 设置建筑图色彩平衡

3.单击【确定】按钮

17 选择【图像】‖【调整】‖【曲线】命令，打开【曲线】对话框后，设置RGB通道的颜色曲线，更改通道为【红】，接着设置该通道的颜色曲线，最后单击【确定】按钮，如图10.42所示。

18 选择【图像】‖【调整】‖【阴影/高光】命令，打开【阴影/高光】对话框后，设置相关选项的参数，并单击【确定】按钮，如图10.43所示。

1.打开【阴影/高光】对话框

3.单击【确定】按钮

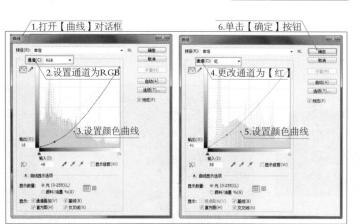

1.打开【曲线】对话框

6.单击【确定】按钮

2.设置通道为RGB

4.更改通道为【红】

3.设置颜色曲线

5.设置颜色曲线

图10.42 设置建筑图的颜色曲线

2.设置相关选项的参数

图10.43 设置阴影和高光

10▢ 选择【图像】|【调整】|【自然饱和度】命令，打开【自然饱合度】对话框后，设置自然饱和度和饱和度选项的参数，并单击【确定】按钮，如图10.44所示。

20▢ 选择【滤镜】|【渲染】|【镜头光晕】命令，打开【镜头光晕】对话框后，选择镜头类型，然后设置亮度为120%，接着在预览区上移动镜头光晕调整其位置，最后单击【确定】按钮，如图10.45所示。

1.打开【自然饱和度】对话框

3.单击【确定】按钮

2.设置自然饱和度和饱和度选项

图10.44 设置自然饱和度

1.打开【镜头光晕】对话框

5.单击【确定】按钮

4.调整镜头光晕的位置

3.设置亮度

2.选择镜头类型

图10.45 应用镜头光晕滤镜

10.2.3 设计广告特效、内容和徽标

下面将介绍设计广告火焰特效、开盘文字特效、地产项目徽标和相关信息内容的方法。在本例的操作中，首先加入托盘图像素材，并输入人民币符号"¥"，然后通过设置图层样式和添加火焰素材的处理，制作"¥"符号的火焰特效，接着输入"OPEN"文字，再应用滤镜和图层样式和执行变换处理，制成镶满彩钻的文字特效，最后在海报的空余位置上输入一些宣传文字、促销文字、联系电话和开发商信息等内容，并绘制地产项目的徽标形状，结果如图10.46所示。

设计广告特效、内容和徽标的操作步骤如下（练习文件：..\Example\Ch10\10.2.3.psd；素材文件：..\Example\Ch10\火焰1.jpg、火焰2.jpg、托盘.jpg）。

01▢ 打开"托盘.jpg"素材文件，然后使用选择工具将素材中的托盘和手都选择到，如图10.47所示。

02▢ 复制选择到的托盘和手素材，然后粘贴到练习文件中，接着按下Ctrl+T组合键执行自由变换，适当调整素材的大小和位置，如图10.48所示。

图10.46 制作广告的特效、徽标和其他内容

图10.47 选择到托盘和手的素材

图10.48 加入素材并调整大小和位置

03 选择素材所在的图层，再选择【滤镜】|【渲染】|【光照效果】命令，然后在文件窗口调整光照的位置和范围，接着在右侧【属性】面板中设置光的类型、颜色、着色、强度和曝光度选项，如图10.49所示。

04 在工具箱中选择【横排文字工具】 ，然后在选项栏中设置文字属性，其中颜色位置为【#da4515】，接着在托盘上输入人民币符号"¥"，如图10.50所示。

图10.49 应用光照效果滤镜

图10.50 输入人民币符号

技巧 因为键盘上并没有"¥"符号的输入键，因此要在文件上输入"¥"符号，可以先按住Alt键，然后在数字小键盘上输入0165，接着放开Alt键即可。

05 选择文本图层并打开该图层的【图层样式】对话框，为图层添加【外发光】效果，并设置外发光效果选项，填充颜色为【#fad420】，如图10.51所示。

06 在【图层样式】对话框中选择【内发光】复选项，然后设置内发光选项，为图层添加【内发光】效果，如图10.52所示。

07 选择【描边】复选项，再设置描边的结构选项和填充颜色，单击【确定】按钮，如图10.53所示。

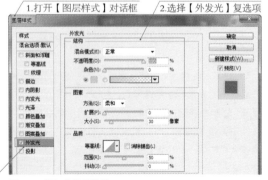

图10.51 添加外发光效果

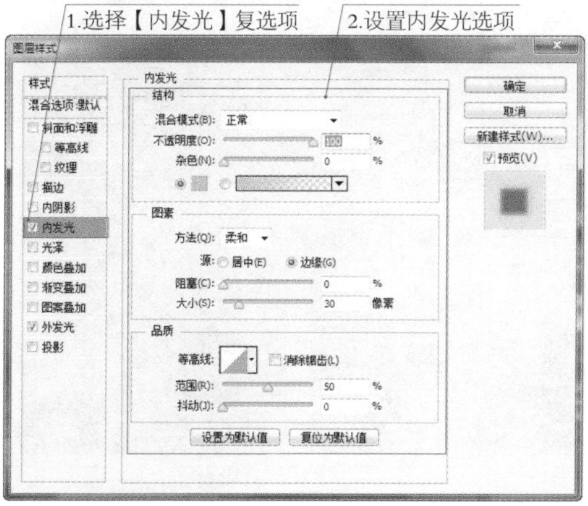

1.选择【内发光】复选项　　　2.设置内发光选项

图10.52 添加内发光效果

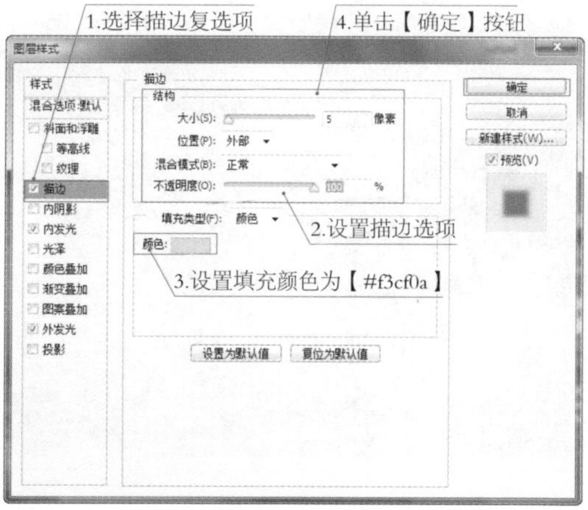

1.选择描边复选项　　　4.单击【确定】按钮

2.设置描边选项

3.设置填充颜色为【#f3cf0a】

图10.53 添加描边效果

继续选择文本图层，再选择【滤镜】|【扭曲】|【波纹】命令，此时将弹出栅格化文字的提示框，单击【确定】按钮，再设置波纹滤镜的选项，接着单击【确定】按钮，如图10.54所示。

将"火焰1.jpg"素材文件打开，然后全选图像，并按下Ctrl+C组合键复制图像，如图10.55所示。

1.单击【确定】按钮

3.单击【确定】按钮

2.设置滤镜的数量和大小选项

图10.54 应用波纹滤镜

1.打开素材文件

2.按下Ctrl+A组合键全选图像并复制图像

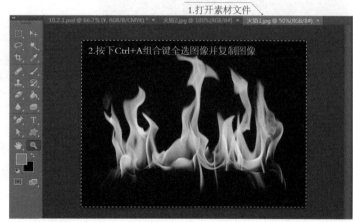

图10.55 复制火焰图像素材

返回练习文件中，按下Ctrl+V组合键粘贴火焰素材，然后按下Ctrl+T组合键执行自由变换处理，等比例缩小火焰素材，接着将素材置置在符号文字上方，设置火焰素材图层的混合模式为【滤色】，如图10.56所示。

图10.56 加入火焰图像并设置混合模式

11 将"火焰2.jpg"素材文件打开，然后使用【矩形选框工具】▓▓，选择素材右侧的两个火焰图像，复制选中的图像，接着将复制的火焰粘贴到练习文件，再等比例缩小图像素材，最后放置火焰素材在符号下方，并设置图层混合模式为【滤色】，如图10.57所示。

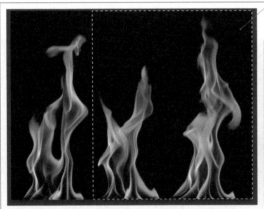
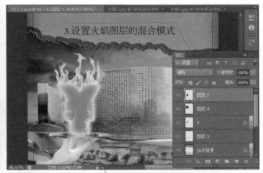

图10.57 加入另外一个火焰素材

12 使用步骤11的方法，将"火焰2.jpg"素材文件左侧的火焰图像选到并加入到练习文件，然后调整大小并设置图层混合模式，接着为上步骤的火焰图像和本步骤的火焰图像创建多个副本图层，并调整他们的位置，制作出符号给火焰包围的效果，如图10.58所示。

图10.58 制作符号被火焰包围的效果

13 选择人民币符号所在的图层，然后打开【图层样式】对话框，再为符号添加【斜面和浮雕】效果，接着设置结构和阴影选项，如图10.59所示。在本步骤中，光泽等高线需要设置为【环形-双】才能有本例的效果。

14 在工具箱中选择【横排文字工具】 ，然后在选项栏中设置文字属性，接着在文件右下方输入OPEN文字，如图10.60所示。

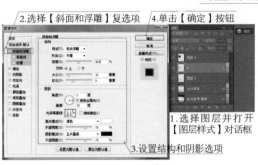

图10.59 为图层添加斜面和浮雕效果　　　　　　　　图10.60 输入文字

15 选择开盘文字的图层并将此图层栅格化，按住Ctrl键单击图层缩览图载入选区，然后选择【滤镜】|【渲染】|【云彩】命令，为选区应用云彩滤镜，如图10.61所示。

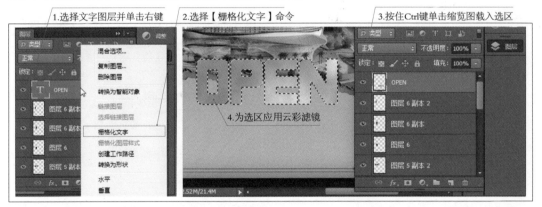

图10.61 栅格化文字图层并渲染

16 选择【滤镜｜【滤镜库】命令，打开【滤镜库】对话框后展开【扭曲】列表，再选择【玻璃】滤镜，然后在右侧的选项卡中设置滤镜选项，并单击【确定】按钮，如图10.62所示。

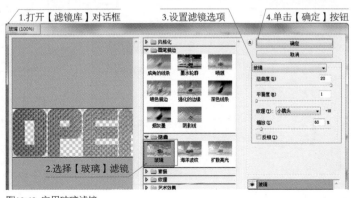

图10.62 应用玻璃滤镜

17 选择【OPEN】图层并打开【图层样式】对话框，然后选择【描边】复选项，再设置描边的大小和填充选项，如图10.63所示。

18 选择【斜面和浮雕】复选项，然后设置斜面和浮雕的结构和阴影选项，接着单击【确定】按钮，如图10.64所示。

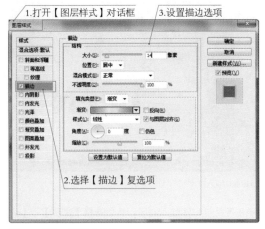

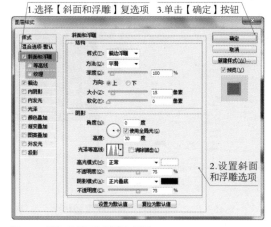

图10.63 添加【描边】效果

图10.64 添加【斜面和浮雕】效果

19 选择【滤镜】|【锐化】|【智能锐化】命令，打开【智能锐化】对话框后，设置锐化选项，再单击【确定】按钮，如图10.65所示。

20 此时按下Ctrl+D组合键取消选择，然后按住Ctrl+T组合键执行自由变换处理，接着按住Ctrl键同时拖动变形框的角点，调整角点的位置，制作文字透视的效果，如图10.66所示。

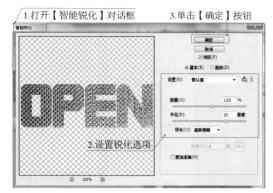

图10.65 应用智能锐化滤镜

图10.66 制作文字透视的效果

21 再次打开【OPEN】图层的【图层样式】对话框，再为图层添加【投影】效果，并设置投影的各个选项，如图10.67所示。

22 在工具箱中选择【横排文字工具】 **T**，然后在选项栏中设置文字属性，在文件左上方输入文字，接着打开文字图层的【图层样式】对话框，再为图层添加【斜面和浮雕】效果，如图10.68所示。

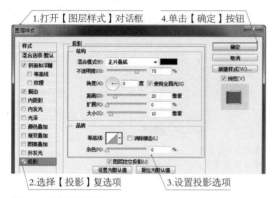

图10.67 添加投影效果

图10.68 输入文字并设置图层样式

23 使用【横排文字工具】 **T** 在文件左上方输入文字，再打开文字图层的【图层样式】对话框，为文字图层应用【渐变叠加】和【投影】效果，如图10.69所示。

图10.69 输入另一个文字并设置图层样式

24 在文件左下方输入开盘优惠和送礼文字信息，并靠左对齐，然后使用【自定形状工具】 分别在文字前绘制【领结】形状，如图10.70所示。

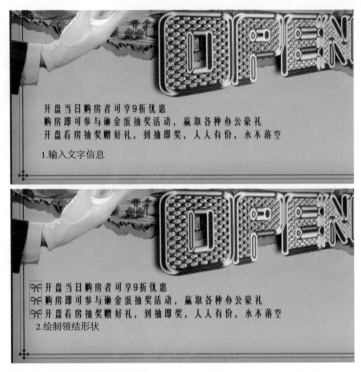

图10.70 输入优惠和送礼文字信息

25 选择【横排文字工具】 在文件右下方输入开发商信息，然后在文件左下方输入联系电话，再使用【自定形状工具】 分别在联系电话文字左侧绘制一个电话形状，如图10.71所示。

图10.71 输入开发商和联系信息

26 选择【自定形状工具】，再设置工具选项，然后通过【形状】面板选择【百合花饰】形状，接着在文件左上方绘制百合花形状，作为地产项目徽标形状，最后通过【图层样式】为形状添加【外发光】效果，如图10.72所示。

4.打开【图层样式】对话框

5.选择【外发光】复选项

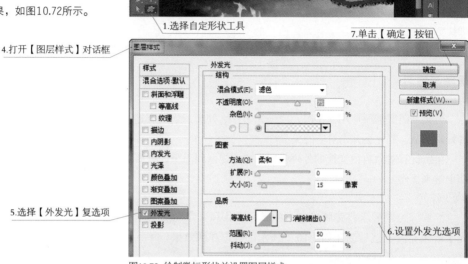

图10.72 绘制徽标形状并设置图层样式

27 选择【横排文字工具】，再设置工具选项，然后在百合花形状下方输入项目楼盘名称，接着通过【图层样式】为形状添加【外发光】效果，如图10.73所示。

3.打开【图层样式】对话框

5.设置外发光选项

4.选择【外发光】复选项

图10.73 输入楼盘名称并设置图层样式

10.3 小结与思考

本章以一个商业地产项目的路牌广告为例，介绍了使用Photoshop设计欧式复古风格的背景、调整图像色调、应用滤镜并配合素材制作火焰特效、利用滤镜和图层样式制作彩钻文字特效、制作撕纸特效的方法和技巧。

思考与练习

（1）思考

当文字图层需要应用滤镜时，应该先做什么处理，当没有进行这种处理的话，程序会弹出对应的提示？

在执行对对象自由变换的处理中，想要透视倾斜对象，需要配合那个键来操作？

（2）练习

本章练习题要求将路牌广告中的徽标形状和文字图层的【外发光】效果删除，然后制作如图10.73所示的枕形浮雕效果。（练习文件：..\Example\Ch10\10.3.psd）

图10.74 制作徽标的效果

名片设计——
金属质感名片

在社会交际中，名片作为交友或商业交易的一座重要桥梁，是人与人之间交流的第一印象。名片作为一种传介媒体，在设计上要讲究其艺术性。但它同艺术作品有明显的区别，需要的是便于记忆，具有更强的识别性。因此名片设计必须做到文字简明扼要，字体层次分明，强调设计意识，艺术风格要新颖。

Chapter

11.1 名片设计基础知识

学习内容： 名片设计的基础知识。

学习目的： 了解什么是名片、名片包含什么内容，以及常见尺寸的名片和其他创意名片。

学习备注： 名片设计需要发挥创意，并不是必须按照标准尺寸制作。

名片是在社交和商业场合中使用频次最高、最直接、最廉价的媒介，它能利用最短的传递距离，快速有效地展示、宣传企业或机构的发展与文化理念，具有美感的名片设计会使对方对持有人产生认同和信任感。下面先来学习名片设计的基础知识。

11.1.1 关于名片

由于近几十年来工商业发达，国内经济突飞猛进，人与人之间相处频繁，个人名片的使用率相当的高，相对而言名片的重要性可想而知。

一张设计精美的名片及名片上能吸引别人的名字，常常让名片的主人能够无往而不利，经商得心应手，这是什么道理呢？除了姓名学的道理已经得到了社会大众的认可之外，名片学也有着同样的灵动力。

每个人都想将自己的名片设计的与众不同，让别人看了印象深刻，颇有好感，爱不释手，甚至于珍藏起来，最好能够看了名片之后就永远让别人记住自己。图11.1所示为设计精美的名片。

图11.1 各种精美的名片

11.1.2 名片主要内容

名片的最初的作用是要给对方介绍自己的职业并留下联系方式，现在名片已经发展到可以用于表现自己或自己的行业，从而来推销自己和自己的公司，让对方留下深刻的印象。因此，名片的内容主要有以下几项：

（1）姓名

这是名片中最重要的部分，一般来说姓名就是使用自己的本名，或者附加其他偏名、笔名或英文名。

（2）头衔或职称

头衔或职称通常是跟姓名放在一起的内容。为了方便对方知道自己的职务范围和在公司的地位，一般有管理权利人都会在名片上加入头衔或职称，例如经理、总经理、顾问、教授等。但也有很多公司为了员工的方便，不会在名片上加入头衔或职称。

（3）公司名称

一般而言，除国家公务员的名片印上所服务的机构或有特殊情况不印公司名称外，公司名称也是名片的重要内容。

（4）商标或服务标志

由于现代企业十分注重品牌形象，大都在名片中印上自己专属的商标或标志，以增加对方对所属企业的印象。

（5）服务或产品

为了达到业务上或产品上的宣传或促销目的，部分人会在名片上添加服务或产品的相关说明。这些内容通常会出现在名片的背面。

（6）联系信息

通常，联系信息是名片的必备内容，其中包括公司/单位地址、电话号码、手机号码、电子邮件等。加上现在电子资讯的发达，很多人还会将公司的网站或QQ号码、MSN账号印于名片上。

（7）企业口号

通常印在名片上的口号与企业形象、公司名称或广告词相互应，藉于口号的联想力或不断重复，加深客户印象，提高企业知名度。

（8）祝福语或格言

祝福语或格言也有增加对方印象的作用，和企业口号有着异曲同工之妙。

（9）色彩图形或底纹

根据各行各业所代表的图样为背景，通常用电脑合成图片或照相制版，印制一系列的图案背景，供各行业使用，其优点是让人一看就能知道对方所从事的行业，便于了解名片主人的背景，如图11.2所示。

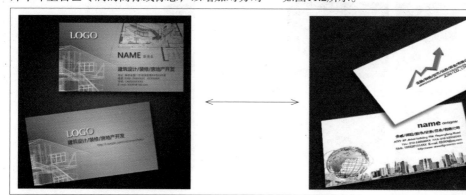

图11.2 建筑行业名片和证券行业名片

11.1.3 常见的名片尺寸

名片的尺寸虽然没有严格的规定，但常见的标准包括横式、立式与折叠式三大类型的名片。这些类型名片的尺寸分别如下，如图11.3所示。

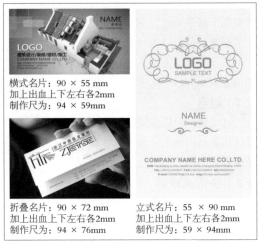

横式名片：90 × 55 mm
加上出血上下左右各2mm
制作尺为：94 × 59mm

折叠名片：90 × 72 mm
加上出血上下左右各2mm
制作尺为：94 × 76mm

立式名片：55 × 90 mm
加上出血上下左右各2mm
制作尺为：59 × 94mm

图11.3 各种普通规格的名片

11.1.4 其他创意的名片

除了上述常见的名片规格外，还有很多不同尺寸和形状的名片，例如有狭长的名片、三翻页的名片、缺角名片、圆角名片、镂空名片、吊牌名片等，如图11.4所示。

此外，通过使用不同的材质，还可以制作出很有创意的名片，例如木质名片、透明名片、金属名片及布质名片等，如图11.5所示。

缺角名片　　　　　镂空名片

圆角名片　　　　　吊牌名片

图11.4 各种形状的名片

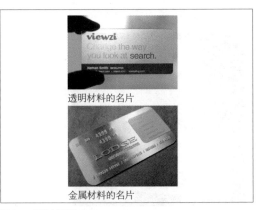

透明材料的名片

金属材料的名片

图11.5 各种材料的名片

11.2 金属质感名片设计

学习内容： 设计名片正面和背面。

学习目的： 掌握利用滤镜制作金属质感背景、通过图层样式制作金属浮雕和浮层金属效果、制作文字烫金效果等方法。

学习备注： 金属质感风格能够体现名片的尊贵，适合高档名片设计。

本节将通过一个企业名片的实例来介绍使用Photoshop CS6设计名片的方法。在本例中，包含了正面和背景的设计过程。在名片的配色上，采用了沉金色和淡金色的配色方案，用滤镜制作出名片具有高档金属质感的背景，以显示名片主人的高贵身份。另外，在名片的正面和背面都设计了立体感很强的金属花纹，以配合名片的整个风格，并更加突显名片奢华的风格。名片设计成果与相关信息如图11.6所示。

配色方案

#78531D	#B38A51	#FADB76	#C0A97B	#EBDFBF

设计亮点

- 整体金属质感背景设计
- 正面平滑式浮雕花纹设计
- 背面浮层式立体花纹设计
- 正面立体烫金姓名设计
- 背面立体烫金弧形装饰条设计

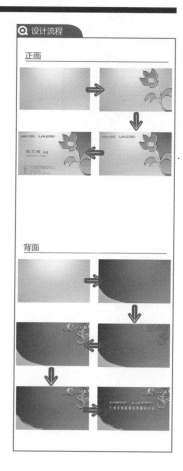

图11.6 金属质感的名片设计

11.2.1 设计名片的正面

下面将先介绍名片正面的设计。在本例的设计中，首先为背景填充颜色并添加杂色，再通过【动感模糊】滤镜和【橡皮擦工具】的涂擦处理，制作金属表面的效果，然后在文件上绘制花纹装饰形状并填充渐变颜色，再通过【图层样式】对话框添加效果，制作出金属浮雕的花纹效果，接着进行名片的其他装饰处理和加入公司Logo，最后制作出烫金效果的姓名，并输入名片的相关内容即可，如图11.7所示。

设计名片正面的操作步骤如下（素材文件：..\Example\Ch11\Logo.psd）。

01 打开Photoshop CS6，选择【文件】|【新建】命令，打开【新建】对话框后，设置文件名称和文件选项，然后单击【确定】按钮，如图11.8所示。

图11.7 名片的正面

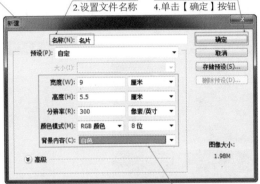

1.打开【新建】对话框　　2.设置文件名称　　4.单击【确定】按钮

3.设置文件的选项

图11.8 新建名片文件

技巧 名片是用于印刷的，所以实际设计名片时应该按照标准的尺寸并使用CMYK颜色模式。本例为了教学的方便和保持作品在显示上的色彩效果，采用了图11.8所示的设置。

02 创建名片文件后，在工具箱中选择【油漆桶工具】，然后设置前景色为【#b38a51】，再设置工具选项，接着打开【图层】面板，新增图层1，最后按下Ctrl+A组合键创建选区，并使用工具在选区上填充颜色，如图11.9所示。

03 选择【滤镜】|【杂色】|【添加杂色】命令，打开【添加杂色】对话框后，选择杂色的分布方式，再设置数量为50%，接着单击【确定】按钮，如图11.10所示。

04 选择【滤镜】|【模糊】|【动感模糊】命令，打开【动感模糊】对话框后，设置模糊的角度和距离，接着单击【确定】按钮，如图11.11所示。

05 在工具箱中选择【矩形选框工具】，然后在文件窗口中创建矩形选区，以选择到模糊后的图层的中央部分，接着按下Ctrl+T组合键，并等比例当打选区中的图层图像，如图11.12所示。

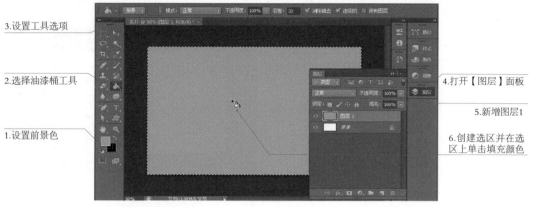

3.设置工具选项

2.选择油漆桶工具

1.设置前景色

4.打开【图层】面板

5.新增图层1

6.创建选区并在选区上单击填充颜色

图11.9 新增图层并填充颜色

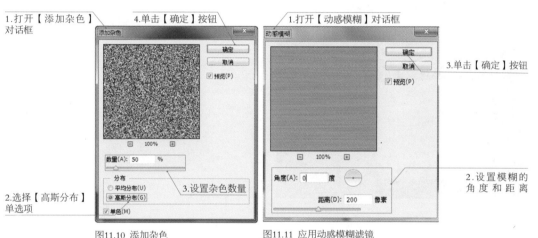

1.打开【添加杂色】对话框

4.单击【确定】按钮

2.选择【高斯分布】单选项

3.设置杂色数量

图11.10 添加杂色

1.打开【动感模糊】对话框

3.单击【确定】按钮

2.设置模糊的角度和距离

图11.11 应用动感模糊滤镜

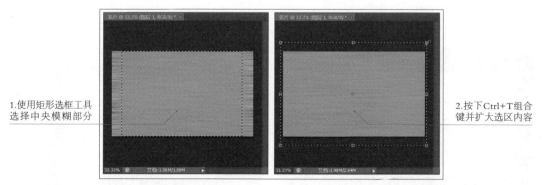

1.使用矩形选框工具选择中央模糊部分

2.按下Ctrl+T组合键并扩大选区内容

图11.12 扩大模糊部分

06 在【图层】面板上新增图层2，将该图层放置在图层1下层，然后隐藏图层1，设置前景色为【#f7ebd1】，接着选择【油漆桶工具】并设置工具选项，再填充图层2颜色，如图11.13所示。

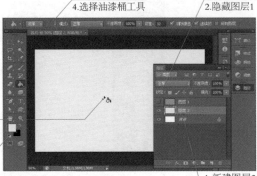

4.选择油漆桶工具

2.隐藏图层1

5.单击填充图层的颜色

3.设置前景色

1.新建图层2并调整顺序

图11.13 新增图层并填充前景色

07 在工具箱中选择【橡皮擦工具】，然后设置橡皮擦画笔和其他选项，再显示图层1并选择该图层，接着在文件窗口上单击，擦除图层1的部分内容。在擦除操作过程中，可以通过多次单击来增加擦除的区域，从而制作出背景的金属质感效果，如图11.14所示。

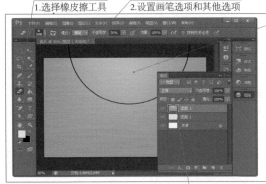

1.选择橡皮擦工具　　2.设置画笔选项和其他选项

4.单击擦除图层1的内容

3.显示并选择图层1

5.经过多次擦除操作后的结果

图11.14 擦除图层1的部分内容

08 选择图层1并设置混合模式为【线性加深】，让文件的金属质感更加真实和强烈，如图11.15所示。

09 选择【自定形状工具】，再设置工具选项并选择【花形装饰3】形状，然后按住Ctrl键维持等比例在文件上绘制形状，如图11.16所示。

3.设置图层混合模式的结果

2.设置混合模式为【线性加深】

1.选择图层1

图11.15 设置图层混合模式

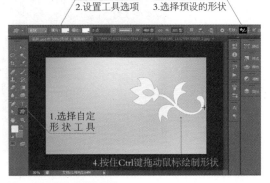

2.设置工具选项　　3.选择预设的形状

1.选择自定形状工具

4.按住Ctrl键拖动鼠标绘制形状

图11.16 绘制花形装饰形状

10 按下Ctrl+T组合键执行自由变换处理，旋转并
等比例扩大形状，接着将形状放置在文件的右侧，如
图11.17所示。

图11.17 自由变换形状

11 选择【形状1】图层并单击右键，再选择【栅格化图层】命令，接着按住Ctrl键单击图层缩览图，以载入
图层的选区，如图11.18所示。

图11.18 栅格化图层并载入选区

12 在工具箱中选择【渐变工具】，然后单击选项栏的【编辑渐变】按钮，打开【渐变编辑器】对话框后，设
置渐变颜色，接着在选区上拖动鼠标为选区填充渐变颜色，如图11.19所示。

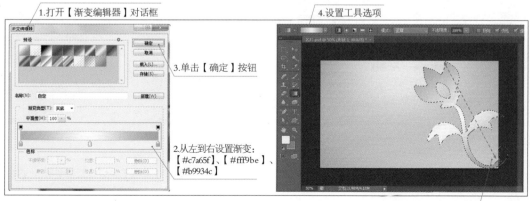

图11.19 为选区填充渐变颜色

13 选择【形状1】图层并打开该图层的【图层样式】对话框，然后为图层添加【斜面和浮雕】效果，如图11.20所示。

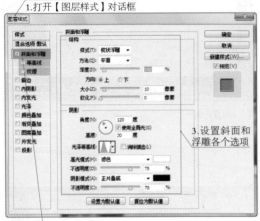

1.打开【图层样式】对话框

3.设置斜面和浮雕各个选项

2.选择【斜面和浮雕】复选项

图11.20 添加斜面和浮雕效果

14 在【图层样式】对话框中选择【光泽】复选项，并设置光泽选项，为图层添加光泽效果，如图11.21所示。

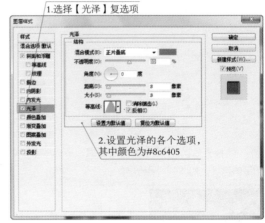

1.选择【光泽】复选项

2.设置光泽的各个选项，其中颜色为#8c6405

图11.21 添加光泽效果

15 在【图层样式】对话框中选择【投影】复选项，并设置投影选项，为图层添加投影效果，如图11.22所示。

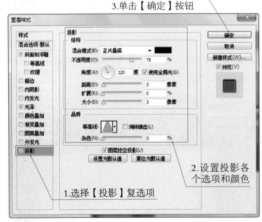

3.单击【确定】按钮

2.设置投影各个选项和颜色

1.选择【投影】复选项

图11.22 添加投影效果

16 返回文件窗口即可看到装饰形状的金属浮雕效果。此时使用选择工具，将装饰形状右侧的区域选择到，如图11.23所示。

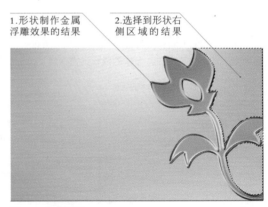

1.形状制作金属浮雕效果的结果

2.选择到形状右侧区域的结果

图11.23 创建选区

17 在工具箱中选择【渐变工具】，然后设置渐变颜色和工具选项，接着在【图层】面板中新增图层3，再填充渐变颜色，如图11.24所示。

18 选择图层3，然后设置该图层的混合模式为【正片叠底】，以制作出形状右侧区域的深色金属质感的效果，如图11.25所示。

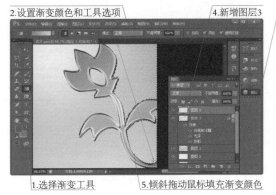

2.设置渐变颜色和工具选项　　4.新增图层3

1.选择渐变工具　　5.倾斜拖动鼠标填充选区渐变

图11.24 新增图层并填充选区渐变

3.打开【图层】面板

2.设置图层混合模式为【正片叠底】

1.选择图层3

图11.25 设置图层混合模式

19 打开"Logo.psd"素材文件，然后选择【图层】｜【复制图层】命令，打开【复制图层】对话框后，设置目标文档为本例的名片文件，再设置图层名称，接着单击【确定】按钮，如图11.26所示。

2.打开【复制图层】对话框　　1.打开素材文件

4.设置图层的名称

3.设置目标文档

5.单击【确定】按钮

图11.26 复制图层

20 返回名片文件的文件窗口，再选择加入的logo图层并按下Ctrl+T组合键，按住Ctrl键拖动变形框角点等比例缩小logo，如图11.27所示。

21 选择【logo】图层并打开该图层的【图层样式】对话框，然后为图层添加【投影】和【渐变叠加】效果，如图11.28所示。

1.返回名片文件

2.按下Ctrl+T组合键并等比例缩小logo素材

图11.27 缩小Logo素材

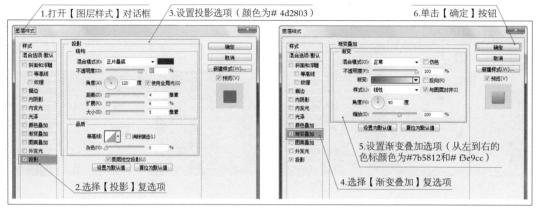

图11.28 添加投影和渐变叠加效果

22 在工具箱中选择【横排蒙版文字工具】，再通过选项栏设置文字属性，然后在创建上单击并输入文字，如图11.29所示。

图11.29 创建文字选区

23 在工具箱中选择【渐变工具】，然后设置渐变颜色和工具选项，接着在【图层】面板中新增图层4，再填充渐变颜色，如图11.30所示。

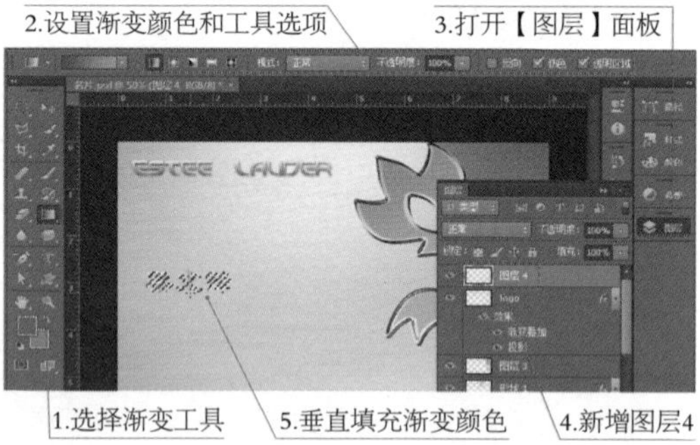

图11.30 填充文字选区渐变颜色

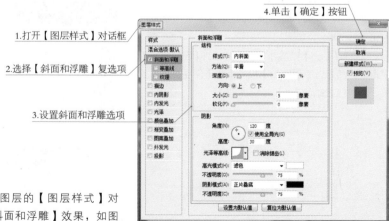

24 选择图层4并打开该图层的【图层样式】对话框，然后为图层添加【斜面和浮雕】效果，如图11.31所示。

图11.31 为文字添加斜面和浮雕效果

25 在工具箱中选择【横排文字工具】，然后在名片上输入职位和英文说明，如图11.32所示。

图11.32 输入职位和英文内容

26 使用【横排文字工具】在名片左下方输入公司名称和联系内容。如有需要，可以适当调整文字的字距或行距，本例结果如图11.33所示。

图11.33 输入公司名称和联系信息

11.2.2 设计名片的背面

本例将介绍名片背景的设计。在本实例的操作中，使用名片正面设计好的背景作为设计起点，首先填充渐变颜色并设置图层混合模式，制作出深色的金属质感效果，为名片背面加入蔓藤形状素材，再通过图层样式的设置，制作蔓藤形状具有浮层立体的金属效果，接着在名片背景左下方创建一个选区，再制作烫金效果的装饰条，最后加入Logo和公司名称，结果如图11.34所示。

设计名片背面的操作步骤如下（练习文件：..\Example\Ch11\11.2.2.psd；素材文件：..\Example\蔓藤.psd）。

图11.34 名片的背面

01 打开练习文件，再打开【图层】面板并新建图层3，然后在工具箱中选择【渐变工具】，并通过【渐变编辑器】对话框设置渐变颜色，如图11.35所示。

3.打开【渐变编辑器】对话框

5.单击【确定】按钮

2.新增图层3

1.打开【图层】面板

4.设置左右两端色标的颜色为# 7e561f和# c3a862

图11.35 新建图层并设置渐变颜色

02 在文件窗口中沿文件对角拖动鼠标填充渐变颜色，如图11.36所示。

03 选择图层3，然后设置该图层的混合模式为【正片叠底】，如图11.37所示。

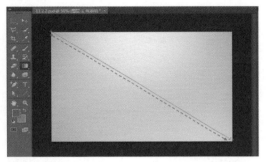

图11.36 填充渐变颜色

2.设置图层混合模式

图11.37 设置图层混合模式　　　　　1.选择图层3

04 打开素材文件，然后按住Ctrl键单击图层的缩览图载入选区，接着按下Ctrl+C组合键复制选区的蔓藤图像，如图11.38所示。

05 切换到练习文件的文件窗口，然后按下Ctrl+V组合键粘贴蔓藤图像，接着按下Ctrl+T组合键通过自由变换等比例缩小蔓藤图像，并放置在名片背面的右上方，如图11.39所示。

1.打开素材文件

2.按住Ctrl键单击图层缩览图

图11.38 复制蔓藤图像　　　　3.复制选中的蔓藤图像

1.切换到练习文件的文件窗口

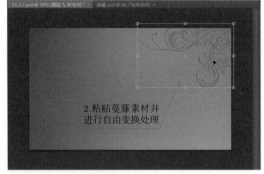

2.粘贴蔓藤素材并进行自由变换处理

图11.39 加入蔓藤素材

06 选择蔓藤图像所在图层并打开该图层的【图层样式】对话框，然后为图层添加【斜面和浮雕】效果，接着选择【光泽】复选项，并设置光泽选项，为图层添加光泽效果，如图11.40所示。

1.打开【图层样式】对话框

2.选择【斜面和浮雕】复选项

3.设置斜面和浮雕选项

4.选择【光泽】复选项

5.设置光泽选项

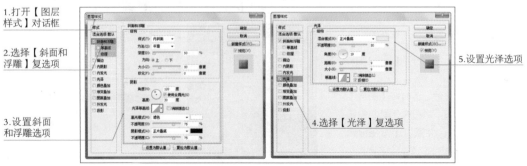

图11.40 添加斜面和浮雕以及光泽效果

07 在【图层样式】对话框中选择【渐变叠加】复选项，再设置渐变叠加选项并打开【渐变编辑器】对话框，设置渐变颜色，如图11.41所示。

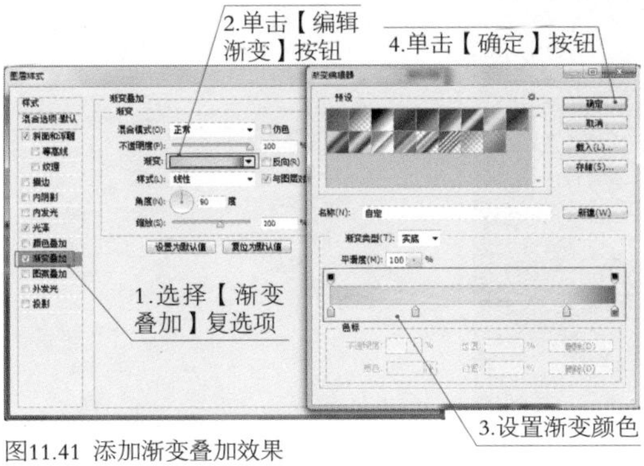

08 在【图层样式】对话框中选择【投影】复选项，然后设置投影的各个选项，并单击【确定】按钮，完成图层样式设置，如图11.42所示。

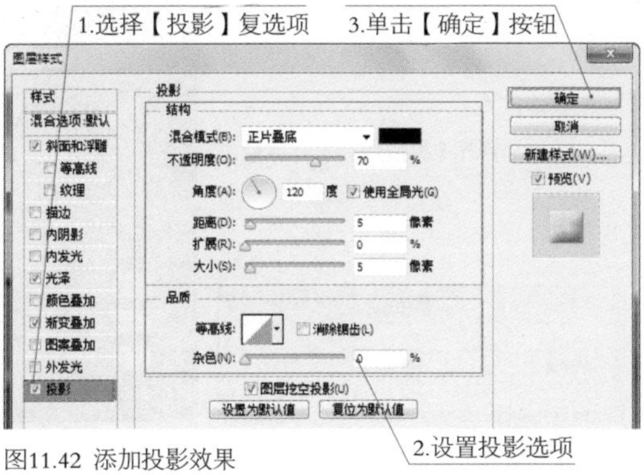

图11.41 添加渐变叠加效果

图11.42 添加投影效果

09 在工具箱中选择【钢笔工具】，在名片背景左下方建立一个闭合的路径，然后通过【路径】面板，将路径作为选区载入，如图11.43所示。

图11.43 创建路径并作为选区载入

10 打开【图层】面板并选择图层3，然后按下Delete键删除图层中选区的内容，如图11.44所示。

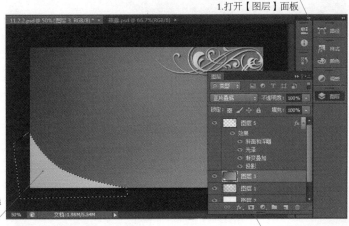

图11.44 删除图层内容

11 选择【选择】|【修改】|【扩展】命令，打开【扩展选区】对话框后，设置扩展量为10像素，接着选择图层3再按下Ctrl+C组合键复制选区的图层内容，如图11.45所示。

1.打开【扩展选项】对话框

2.设置扩展量

3.单击【确定】按钮

4.选择图层3并执行复制

图11.45 扩展选区并复制选区内容

12 按下Ctrl+V组合键粘贴上步骤复制的内容，然后执行自由变换处理，适当扩大粘贴的内容，如图11.46所示。

2.按下Ctrl+T组合键并等比例扩大粘贴的内容

1.按下Ctrl+V组合键粘贴内容，此时生成图层6

图11.46 粘贴并扩大图层内容

13 打开图层6的【图层样式】对话框，然后添加【渐变叠加】效果，并通过【渐变编辑器】对话框设置渐变颜色，如图11.47所示。

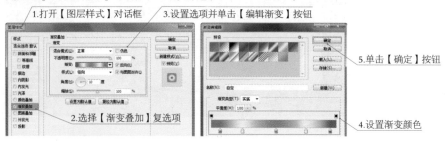

1.打开【图层样式】对话框

3.设置选项并单击【编辑渐变】按钮

5.单击【确定】按钮

4.设置渐变颜色

2.选择【渐变叠加】复选项

图11.47 添加渐变叠加效果

14 在【图层样式】对话框中选择【光泽】复选项，然后设置光泽选项，再选择【投影】复选项，并设置投影选项，为图层6再添加光泽和投影效果，制作出烫金的效果，如图11.48所示。

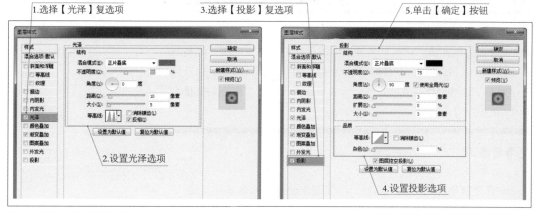

图11.48 添加光泽和投影效果

15 打开名片正面的成果文件，然后将logo所在的图层复制到当前联系文件，再通过自由变换等比例放大logo，结果如图11.49所示。

图11.49 加入logo

16 在工具箱中选择【横排文字工具】，然后在选项栏中设置文字属性，接着在logo下方输入公司名称，如图11.50所示。

图11.50 输入公司名称

11.3 小结与思考

本章以一个高档且具有金属质感效果的名片为例，介绍使用Photoshop CS6设计名片的方法。在本章名片实例的设计中，主要应用了滤镜制作金属拉丝效果、应用图层样式制作金属浮雕和立体浮层效果以及烫金字效果。这些制作特效的方法，读者可以举一反三，应用到其他平面作品的设计上。

思考与练习

（1）思考

制作金属质感的背景图像时，除了制作金属拉丝效果外，还需要进行什么处理才可以让金属感更加真实和强烈？

提示：在金属拉丝的背景上还需要进行一些增大或光照处理，以便让背景产生因金属遇光而产生的效果

（2）练习

本章练习题要求将名片正面花形装饰的效果删除，然后再次通过【图层样式】对话框，制作花形的浮层金属效果，如图11.51所示。（练习文件：..\Example\Ch11\11.3.psd）

图11.51 制作花形的浮层金属效果